国家自然科学基金青年项目（72104018）资助出版

城市基础设施韧性研究系列丛书

李桂君　主编

区域水-能源-粮食耦合系统协同研究

THE SYNERGY OF REGIONAL WATER–ENERGY–FOOD NEXUS

黄道涵　著

中国建筑工业出版社

图书在版编目（CIP）数据

区域水-能源-粮食耦合系统协同研究 ＝ THE SYNERGY
OF REGIONAL WATER-ENERGY-FOOD NEXUS / 黄道涵著.
北京 : 中国建筑工业出版社, 2025. 2. -- (城市基础设
施韧性研究系列丛书 / 李桂君主编). -- ISBN 978-7
-112-30923-8

Ⅰ. TV213. 4; F426. 2; F326. 11

中国国家版本馆 CIP 数据核字第 20255CU514 号

责任编辑：朱晓瑜
责任校对：刘梦然

城市基础设施韧性研究系列丛书

李桂君　主编

区域水-能源-粮食耦合系统协同研究

THE SYNERGY OF REGIONAL WATER-ENERGY-FOOD NEXUS

黄道涵　著

*

中国建筑工业出版社出版、发行（北京海淀三里河路 9 号）

各地新华书店、建筑书店经销

国排高科（北京）人工智能科技有限公司制版

建工社（河北）印刷有限公司印刷

*

开本：787 毫米×1092 毫米　1/16　印张：12½　字数：273 千字
2025 年 3 月第一版　　2025 年 3 月第一次印刷
定价：**68.00** 元
ISBN 978-7-112-30923-8
（43887）

丛书前言

进入 21 世纪以来，全球城市化进程持续加速，预计到 2050 年，全球城市人口比例将达到 68%。这一趋势带来了两个显著变化：其一，城市人口密集、功能复杂、系统耦合度高等特征愈发突出，加剧了基础设施的整体脆弱性；其二，城市基础设施规模空前扩张，系统复杂性显著提升，对城市基础设施韧性提出了更高的要求。

与此同时，城市基础设施正面临着多重挑战：第一，自然灾害威胁加剧。近年来，全球范围内极端天气事件频发、地质灾害加剧，如 2021 年德国洪灾导致基础设施大面积瘫痪、2023 年土耳其地震造成基础设施系统性崩溃等，凸显出提升基础设施韧性的紧迫性。第二，新型风险不断涌现。随着智慧城市建设的深入推进、信息技术和人工智能的广泛应用，网络安全威胁等新型风险持续增加，进一步增加了韧性建设的复杂性。第三，可持续发展的要求不断提高。当前，城市在追求经济发展的同时也面临着严重的环境和社会问题。环境压力、资源消耗和污染日益加剧，这些挑战迫使城市系统重新审视可持续发展的路径，比如采用可再生能源替代化石燃料、推广绿色建筑、优化资源利用效率等。这些不断升级的需求，体现了人类对自然环境的深刻认知和对可持续发展的深刻诉求。

中国是引领全球城市化的主要国家，其新型城镇化战略、国家重大区域发展战略、"双碳"目标、生态文明建设等国家战略的实施，都对城市基础设施的韧性提出了更高要求。

基于上述背景，我们特别策划出版《城市基础设施韧性研究系列丛书》。本丛书立足于国内外最新研究成果和实践经验，聚焦城市基础设施韧性的关键领域，全面系统地探讨城市基础设施韧性的理论框架、评估方法、提升策略及其实践应用。

本丛书的主要特色和创新点如下：

（1）理论与实践相结合。丛书在系统梳理国际前沿理论成果的基础上，重点关注理论成果的本土化应用。丛书不仅梳理和总结了国内外城市基础设施韧性研究的最新理论成果，更注重结合中国城市发展实际，提供了大量具有借鉴价值的案例分析和实践经验。

（2）多学科交叉融合。城市基础设施韧性是一个复杂的系统工程，需要多学科协同创新。本丛书突破传统单一学科视角的局限，深度整合了工程学（结构安全、系统可靠性）、城市规划（空间布局、功能优化）、管理学（风险管理、应急管理）、生态学（生态适应性、系统恢复力）、经济学（投资效益、成本优化）、信息科学（智能感知、数字孪生）等多学科知识，构建了全方位的韧性认知框架。通过多学科的交叉融合，为读者提供了系统性解决方案。

（3）立足中国城市基础设施发展实际，聚焦关键痛点问题。针对城市快速扩张带来的承载能力不足、重大灾害事件引发的系统性风险、新型城镇化对设施均等化的迫切需求、智慧城市建设中的安全韧性挑战等典型问题，本丛书从实际需求出发，提出了包括增量提升与存量优化相结合的建设策略、基于风险评估的分区分级管控方案、数字化转型支撑的智能化提升路径等一系列创新性解决方案。同时，还系统提出了配套的政策支持建议，包括完善相关技术标准、创新投融资机制、健全协同治理体系等，为决策部门提供了可操作的政策工具包。

本丛书的出版对推动行业发展具有重要意义：

首先，本丛书系统构建了城市基础设施韧性评估的理论框架和方法体系，填补了国内该领域研究的诸多空白。特别是在韧性评价指标体系、评估模型构建、韧性提升路径等方面提出了创新性成果，为行业发展提供了坚实的理论基础。

其次，丛书深入探讨了不同类型基础设施系统的韧性特征和提升策略，建立了完整的技术标准和实施导则。这些研究成果可直接指导工程实践，将显著提升行业的技术水平和管理能力。

第三，丛书特别关注基础设施系统间的协同效应，提出了创新性的跨系统韧性评估和协同管理方法。这一研究视角将推动行业打破传统的"孤岛式"管理模式，形成更高效的协同发展格局。

第四，丛书总结的大量实践案例和经验，将为行业提供可借鉴的解决方案库。这些经验的推广应用将加快行业技术创新，推动形成更加科学的韧性建设标准体系。

本丛书的出版将为城市规划设计人员、基础设施建设与运营管理人员、政府决策者以及相关研究人员提供重要的理论指导和实践参考。我们期待通过本丛书的出版，能够推动城市基础设施韧性建设的科学发展，为建设更加安全、可靠、永续的城市基础设施体系做出积极贡献。

在此，我谨代表编委会对参与本丛书编写的所有专家学者表示衷心的感谢。同时，也真诚地期待读者们对本丛书提出宝贵意见和建议，帮助我们在未来的研究和实践中不断改进和完善。

丛书总主编：李桂君
2025 年 2 月

本书前言

水、能源和粮食是人类生存和发展的核心资源，其安全关乎人类社会、地区经济和生态环境的可持续发展。由于三种资源在生产、消费和废弃物处理过程中的复杂关系，任何单一资源的开发、治理和保护均不可避免地与另外两种资源的变化相关联，单一部门的风险应对策略往往造成资源危机在三种资源间转移，形成"以邻为壑"的资源治理困境。实践中，从全局视野集成"水–能源–粮食"耦合系统，以减少冲突、增进协同，进而转变纯粹追求单一部门效率的资源治理理念、提升资源关联治理意识、确保三种资源共同安全，已成为全球共识。在此背景下，本研究选择"水–能源–粮食耦合系统协同演化规律的刻画与测度"核心命题，将水–能源–粮食耦合系统视为黑箱，沿着"解构黑箱→重构黑箱→调控黑箱"的思路，聚焦要素间的张力、子系统间的目标、跨部门的治理三个层面的协同，从关联视角和系统视角，由表及里、由因至果地讨论区域水–能源–粮食耦合系统协同演化规律，为推动区域水–能源–粮食协同发展提供对策建议。

首先，本书系统梳理了水–能源–粮食研究脉络，发现水资源集成治理实践是关联视角的研究起点，城市新陈代谢理论的提出是系统视角的研究起点；认为水–能源–粮食研究的演进历程为"单资源集成治理→双资源耦合治理→多资源综合治理"，水–能源–粮食三种核心资源综合治理的独有特征是具有动态变化的多中心网络结构和复杂互反馈关系，且不同地区、不同时段的水–能源–粮食耦合系统的多中心网络结构和复杂互反馈关系具有显著差异性，应具体问题具体分析。本书将水–能源–粮食耦合系统放置于人与自然互动的大背景下，构建以"人类活动–自然环境"为背景的区域水–能源–粮食耦合系统解释性框架，从核心关联、外围关联和互动关联三个层次界定区域水–能源–粮食体系。基于此，借助过程系统工程的思想，以单一资源为核心，沿着资源流，从关联视角耦合另外两种资源，系统阐释单一资源在生产、消费和废弃物处理过程中与另外两种资源的共演化机制和机理，完成水–能源–粮食耦合系统的"解构"；立足以单一资源为核心的"解构"结果，聚焦三种资源的供给与消费，从系统视角，集成区域水－能源－粮食的供给端与消费端，完成水－能源－粮食耦合系统的"重构"，为研究区域水－能源－粮食耦合系统、剖析地区资源供需失衡风险提供了完整架构。

其次，解构黑箱，旨在从关联视角评价水－能源－粮食耦合系统要素间的张力协同，即系统要素相互影响的强度和方向。本部分基于以单一资源为核心的"解构"结果，用方程组的形式刻画水－能源－粮食耦合系统结构。具体而言，将各子系统核心要素作为自变量、各个子系统序参量（水资源消费量、能源消费量和粮食产量）作为因变量，构建各子系统结构方程，以及区域水－能源－粮食耦合系统的联立方程组。运用2005—2016年我国30个省级行政区的面板数据，拟合联立方程模型中自变量和因变量的参数矩阵，定量分析水－能源－粮食耦合系统结构。结果显示，耦合系统要素间的关联强度不一致，水－粮食关联强度较高，比如有效灌溉面积、农作物播种面积分别是水和粮食子系统序参量的核心影响要素，影响强度分别为1.0426和1.149；能源子系统受社会经济因素的影响更显著，比如能源子系统序参量的核心影响要素是二产占比和总人口，影响强度分别为0.6986和0.5815。因此，在耦合系统的多中心网络结构中，虽然水、能源和粮食常被同时提及，但是在治理实践中，三种资源的地位仍然是不平等的，不仅是因为系统内部要素间关联强度不一致，还受外部差异化潜在风险源的影响，包括资源禀赋差异、经济社会发展水平不均衡等。

再次，重构黑箱，旨在从系统视角测度水－能源－粮食耦合系统的目标协同，即水－能源－粮食协同发展水平（协同度）。本部分基于投入产出的思想，认为耦合系统协同度与投入产出效率正相关，系统协同度越高则其投入产出效率越高。选用三阶段DEA方法，剔除外部差异化潜在风险源的影响，将所有决策单元面临的差异化外部环境调整为相同的外部环境，以获得水－能源－粮食的"真实"协同发展水平。具体而言，以子系统序参量和废弃物排放量为投入指标、人均GDP为产出指标，运用2005—2016年我国30个省级行政区的面板数据，测算决策单元水－能源－粮食综合协同度；在第二阶段运用随机前沿分析模型剔除外部环境要素（二产占比、城镇化率、污水处理能力）和随机误差的影响；将调整后的投入产出指标在第三阶段测算决策单元"真实"协同度。结果显示，决策单元的综合和"真实"协同发展水平均获得稳步提升，意味着当前的单一资源治理政策仍可促进耦合系统协同发展。在调整后的"真实"协同度中，实现最优效率值（DEA效率值为1）的决策单元个数显著减少，大部分决策单元的排名均上升，表明外部环境影响要素和随机误差显著影响决策单元协同度评价结果。其中，城镇化和产业结构调整的影响最大，为此，可作为促进水－能源－粮食耦合系统协同发展的核心调控要素。

第四，调控黑箱，旨在分析地区社会、经济、环境、资源子系统要素对水–能源–粮食耦合系统"真实"协同度的影响规律（作用路径与决策拐点），提出促进区域水–能源–粮食协同发展的对策建议。本部分运用"散点图 + 趋势线"演变图谱的形式，刻画地区社会、经济、环境、资源子系统 10 个核心要素对水–能源–粮食耦合系统"真实"协同度的影响路径和决策拐点，总结驱动要素的影响规律。结果显示，城镇化率、建成区面积、地区生产总值、城市绿地面积、城市供水总量、火力发电量六大驱动要素存在显著的拐点效应，拐点值分别为：80%、230 万 hm²、4 万亿元、10 万 hm²、25 亿 m³、2600 亿 kWh；常住人口规模、二产占比、污水日处理能力、一产占比四大驱动要素不存在显著的拐点效应。为此，基于协同发展目标设立（安全、效率和公平三大目标）和政府调控工具梳理（管制类、市场类、社会类、合作类、新型政府工具），本部分提出以序参量为核心、协同度为标尺、驱动要素决策拐点为界限的调控理念，认为通过"维持规模总量、优化产业结构、保护生态系统"的策略将有助于促进区域水–能源–粮食耦合系统协同发展。

最后，总结前述理论与实证分析的结论、待深入完善之处，并从认知、测度和治理三个层面指出未来水–能源–粮食耦合系统研究有待进一步探讨的议题。本书的创新之处在于构建了水–能源–粮食耦合系统的立体式解释框架，运用方程组的形式刻画并剖析了水–能源–粮食耦合系统结构，完善了黑箱视角下的水–能源–粮食协同度测度，拟合了驱动要素的决策拐点。

目　　录

第 1 章

绪　论

1.1　研究背景

水、能源和粮食是人类生存和发展的核心资源。国际粮食政策研究所（IFPRI）、国际能源署（IEA）和联合国粮农组织（FAO）预计，到 2030 年，全球水、能源和粮食需求量将在 2009 年需求水平上，分别增加 30%、50% 和 50%；其中，粮食中的谷物需求量将增加 50%，肉类需求量将增加 85%（BEDDINGTON，2009）。目前，三种资源日益凸显的短缺问题及其在消费过程中所产生的废弃物已成为制约区域可持续发展的关键因素。尤其在快速城镇化背景下，未来城市地区的可持续发展将面临资源短缺与环境恶化的双重压力。在气候变化背景下，各种"黑天鹅""灰犀牛"事件随时可能发生，甚至是同频交织发生，威胁着区域水、能源和粮食资源的稳定供给。比如，2022 年川渝地区的复合型极端事件（HAO et al.，2023），高温、干旱、山火等极端事件同时发生在川渝地区，造成区域用电需求激增、水力发电量下降、农业灌溉用水不足，制约了本地及东部沿海地区的经济生产活动。足见，水、能源和粮食的安全关乎人类社会、地区经济和生态环境的可持续发展。

水、能源和粮食在生产、消费和废弃物处理过程中存在着复杂的关联关系（HOFF，2011）。一方面，能源的生产（水力发电、化石能源开采、生物燃料生产）和粮食的生产均需要大量水资源作为支撑，比如 2020 年农业生产消耗了全球淡水总量的 70% 以上[①]；水资源的生产（抽取、净化、分配）和现代农业生产的集约化转型均需消耗大量能源资源（XU et al.，2020），比如当前的粮食系统消耗了全球可用能源的 30%（FAO，2012），包括直接消耗和间接消耗（比如机械设备、化肥、杀虫剂等隐含能耗）。另一方面，水和粮食的消费均伴随着能源的消耗，比如美国家庭热水消费的能耗占整个家庭涉水能耗的 97%（WAKEEL et al.，2016），能源消费所产生的废气（二氧化碳、二氧化硫、氮氧化物等）和水资源消费所产生的污水直接影响着地区土壤质量和粮食产量，而废弃物的处理是一项高耗能活动，比如全球 7% 的电力被用于水资源供给和污水处理（YANG et al.，2010）。在城镇化进程加速、经济规模扩大和气候变化加剧的背景下，为实现全球和地区资源供需平衡，高能耗海水淡化、污水再利用、高水耗页岩气开采和粮食种植的规模在不断扩大，进一步加剧地区水和能源资源的需求。到 2050 年，为实现粮食增产 50% 的目标，农业取水量将增加约 35%[②]。

我国政府历来高度重视水、能源、粮食安全和可持续发展议题，始终注重运用系统观念

---

① 数据来源：联合国粮农组织。
② 数据来源：联合国粮农组织报告《世界粮食和农业领域土地及水资源状况：系统濒临极限》。https://www.fao.org/documents/card/zh/c/cb7654zh（访问时间：2023 年 3 月）。

来加强耦合系统集成、提升协同效能。2013 年 12 月至 2014 年 6 月，中央财经领导小组连续召开三次会议，依次研究国家粮食安全问题（第 4 次会议，2013 年 12 月 9 日）、我国水安全战略（第 5 次会议，2014 年 3 月 14 日）、我国能源安全战略（第 6 次会议，2014 年 6 月 13 日）。2020 年，中央政治局会议提出，"保粮食能源安全"的要求。2021 年，中国作为新兴经济体，牵头"粮食、水与能源安全相互关系"的亚洲合作对话，推动构建人类命运共同体。2022 年，中央全面深化改革委员会第二十七次会议强调："提高能源、水、粮食、土地、矿产、原材料等资源利用效率，加快资源利用方式根本转变。"由此可知，水、能源和粮食安全是我国经济社会持续发展的关键，存在利用效率不高、利用方式落后等问题。具体而言，中国的水、能源和粮食在供需过程中仍存在以下现实问题。

1.1.1 水资源短缺与用水效率低并存的水资源安全风险

水资源是经济社会发展的基础性、战略性资源，水资源严重短缺是我国基本水情。我国水资源总量大，2022 年全国水资源总量为 2.7 万亿 m^3，但是人均水资源量（2300m^3/人）仅为世界平均水平的 1/4，部分城镇缺水较为严重。实践中，我国始终坚持"节水优先"的基本思路，坚持"以水定城、以水定地、以水定人、以水定产"的"四水四定"管理策略，落实水资源刚性约束要求，充分保障经济社会发展的需水量。然而，中国城镇的缺水往往是在自然因素和人类行为影响下，资源型缺水、水质型缺水、工程型缺水综合作用的结果。首先，我国水资源"南多北少"的分布直接造成北方地区的资源型缺水，制约北方地区经济社会的良性发展。中国长江以北地区仅占用 19% 的全国水资源支撑着全国 46% 人口的生存与发展（唐清建，2004）；中国西北、华北等地区，受气候较为干旱、水资源短缺等自然条件影响，水资源严重制约着当地农业、能源等基础产业的发展（陈敏建，2017）。其次，随着城镇用水规模扩大，城镇排水量也随之增加，滞后的污水处理能力导致大量工业废水和生活污水的非达标排放，不仅严重污染本地的地表水和地下水资源，还会影响位于流域下游的城镇（比如上海）的过境水水质，造成下游城镇的水质型缺水，增加饮用水处理难度和处理成本，已成为南方地区的重要水问题，比如太湖流域的污染型缺水[①]。最后，工程型缺水是指因缺少水利工程设施或现有水利设施能力不足而引起的水资源短缺，我国 2022年供水总量占当年全国水资源总量的 22.2%[②]，供水工程能力急需提高，工程型缺水已制约着西部能源资源的开采（姜珊，2017）和城镇过境（洪）水资源的拦蓄与利用。近年来，我国持续加大水利建设投资力度，以建设国家水网"一张网"为目标，不断提升水资源配置能力，促进水资源与人口经济布局相均衡，支撑经济社会高质量发展。2022 年，我国完成水利建设投资超过万亿元，达到 10893 亿元，同比增长 43.8%；2023 年，中共中央、国

---

① 陈阿江，邢一星. 缺水问题及其社会治理：对三种缺水类型的分析[J]. 学习与探索，2017(7): 17-26.
② 数据来源：《中国水资源公报 2016》。

务院印发《国家水网建设规划纲要》，完善水资源调配格局，破解资源型缺水和工程型缺水难题。

党的十八大以来，我国水资源利用效率显著提升，但是与世界先进水平相比，我国用水效率依旧不高，节水潜力空间大。一方面，农业部门作为主要用水部门（占 2022 年用水总量的 63%[1]），粗放式的农业生产模式不仅占据大量水资源，而且造成大量水资源的浪费，高效节水灌溉率约为 25%。2022 年农田灌溉水有效利用系数为 0.572[2]，高于 2012 年的 0.516，与世界先进水平的 0.7～0.8 仍有较大差距[3]。另一方面，万元国内生产总值（当年价）用水量从 2012 年的 118m³，下降为 2022 年的 49.6m³，仍高于发达国家约 40m³ 的用水量；全国万元工业增加值（当年价）用水量从 2009 年的 103m³，下降为 2022 年的 24.1m³，仍高于世界先进水平（约 22.8m³），如图 1-1 所示。与此同时，我国城镇化地区公共供水管网平均漏损率已由 2015 年的 15.2%，下降为 2020 年的 10% 左右，但是部分地区城镇供水管网漏损率仍达 20% 以上，距离 2025 年城市公共供水管网漏损率小于 9% 的目标仍有差距[4]。

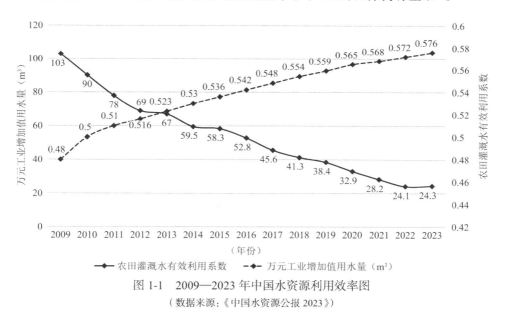

图 1-1　2009—2023 年中国水资源利用效率图

（数据来源：《中国水资源公报 2023》）

1.1.2　外部依赖性增强且煤炭消费占比高的能源安全风险

能源是人类文明进步的重要物质基础和动力，关乎国计民生和国家安全，确保能源安全已成为中国政府维护国家安全能力的重要内容。中国是能源生产和能源消费大国，拥有丰富的化石能源、风电、光伏等资源，"富煤贫油少气"是我国能源储备的基本国情。近年

---

[1]　数据来源：《中国水资源公报 2022》。
[2]　数据来源：《中国水资源公报 2022》。
[3]　数据来源：国家发展和改革委员会。https://www.ndrc.gov.cn/fggz/hjyzy/sjyybh/201904/t20190419_1133929.html。
[4]　数据来源：《节水型社会建设的十四五规划》。

来，我国不断优化能源结构，推动能源转型，构建现代化能源体系，能源安全保障能力不断增强。但是，我国能源供给的外部依赖性不断增强，能源生产与消费结构均以化石能源（煤炭、石油、天然气）为主，煤炭占能源终端消费比重高达 20%[①]，高于世界平均水平（约为 10%），制约着我国能源事业的高质量发展。中国能源生产总量稳居世界第一，水电、风电、光伏发电装机规模和核电在建规模均居世界第一。但是中国人均能源生产量与人均能源消费量间的缺口日渐增大（图 1-2），全国能源净进口总量不断上升，由 2012 年的 6.11 亿 t 标准煤增长至 2021 年的 11.2 亿 t 标准煤，涨幅达 83.2%[②]。2021 年，我国能源对外依存度为 20.6%，而天然气的对外依存度超过 40%[③]，展现了我国全方位加强能源国际合作、有效利用国际资源的突出成就，但是居高不下的能源对外依存度威胁着我国能源安全。以原油为例，随着我国原油产量趋于饱和，石油产品供需缺口的弥补严重依赖于石油进口，2019年以来，我国原油净进口始终维持在 5 亿 t 高位，比 2012 年增长 90%，威胁着我国能源安全。为此，《"十四五"现代能源体系规划》提出"原油年产量回升并稳定在 2 亿 t 水平"的发展目标。

图 1-2　人均能源生产量与消费量

（数据来源：《能源发展"十三五"规划》《能源统计年鉴 2022》）

2009 年以来，我国能源消费总量（包括原油、煤炭、天然气、核能、水电等）已超越美国成为全球第一大能源消费国。世界资源研究所数据显示，2020 年，中国能源消费总量已经接近美国的两倍，占全球总消费量的 26%。虽然传统的"大量生产、大量消耗、大量排放"发展模式已经难以为继，但是我国化石能源消费总量大、强度高，需求仍在持续增长，在中国快速工业化和城镇化进程中，控制能源消费总量、优化能源消费结构将面临重大挑战。目前，煤炭是我国第一大能源品种，占全国已探明化石能源资源储量的 94%，2020

---

① 数据来源：《能源发展"十三五"规划》。

② 数据来源：国家统计局。https://www.stats.gov.cn/xxgk/jd/sjjd2020/202210/t20221008_1888971.html。

③ 数据来源：国家能源局。http://www.nea.gov.cn/2022-02/18/c_1310478264.htm。

年煤炭消费占能源消费总量比例高达 56.8%，按照《"十四五"现代能源体系规划》要求，未来仍需进一步加强煤炭安全托底保障，煤炭的"压舱石"地位短期内难以改变。2020 年，我国天然气和非化石能源消费比重分别提升为 8.4%和 15.9%，依旧落后于欧盟 15%的可再生能源消费比重和经济合作与发展组织成员国 30%的天然气消费比重。未来，能源结构低碳化仍有待加速推进，助力实现"碳达峰、碳中和"目标。

此外，我国能源系统运行效率不高，一方面，由于生产、消费和管理方式的粗放，2020 年我国单位 GDP 能耗约为 3.2t 标准煤/万美元，是 2015 年世界能耗强度平均水平的 1.2 倍、发达国家平均水平的 1.81 倍[1]，考虑到发达国家的能源效率仍在持续提高，与发达国家相比，我国能源效率仍存在明显差距。另一方面，我国不同品种能源间的协同供给能力弱，系统调峰能力严重不足，导致系统整体利用效率不高，能耗和污染物排放量增加。

1.1.3　土壤质量不高与结构性短缺问题凸显的粮食安全风险

党的二十大报告强调"全方位夯实粮食根基"，粮食安全是我国稳定和发展的基础。近年来，我国谷物总产量稳居世界首位、自给率在 95%以上，人均粮食占有量约 480kg，高于国际公认的 400kg 粮食安全线[2]，我国粮食安全得到有效保障。受国际地缘冲突、贸易摩擦、气候变化等影响，我国粮食安全仍面临着土壤质量不高和结构性短缺等风险。

"十八亿亩耕地红线"是大国粮仓的"耕基"。坚决守住"十八亿亩耕地红线"的最严格耕地保护措施，有效减缓了快速城镇化和工业化进程对耕地资源的占用，但是"人多地少"的紧张人地关系和中等及以下质量耕地占比高的基本格局在中国依旧存在。土壤质量不高的直接后果制约着我国粮食生产的数量和质量进一步提升，威胁着我国粮食的供给安全，且会造成结构性短缺问题。《2019 年全国耕地质量等级情况公报》显示，我国 20.23 亿亩耕地质量平均等级为 4.76 等（共 10 等），其中，1~3 等的耕地土壤没有明显的障碍因素，4~6 等的耕地土壤存在立地条件一般、灌溉设施薄弱、盐渍化等障碍因素，7~10 等的耕地质量较低，需进行改良，提升耕地综合生产能力。全国来看，位于 1~3 等的耕地面积为 6.32 亿亩，占耕地总面积的 31.24%，高于《全国土壤污染状况调查公报（2014）》中"优等地＋高等地"的 29.47%，表明近年来全国耕地质量稳中有升，与《2022 中国生态环境状况公报》显示的"农用地土壤环境状况总体稳定"相一致；4~10 等的耕地面积占比将近 70%，是我国耕地土壤质量不高的直接表现。

粮食消费包括口粮消费、工业用粮等，结构性短缺主要出现于工业用粮和高品质口粮方面。目前，我国口粮自给率达到 100%，谷物自给率为 95%以上，确保了口粮的绝对安全。近年来，我国大豆进口量屡创新高，2020 年大豆进口量首次突破 1 亿 t，主要用于工业用

① 数据来源：新疆维吾尔自治区发展和改革委员会. 2010—2016 年我国单位 GDP 能耗情况[EB/OL]. [2018-12-20]. http://www.xjdrc.gov.cn/info/11504/14497.htm.

② 数据来源：人民日报. http://www.lswz.gov.cn/html/mtsy2023/2023-05/12/content_274694.shtml.

粮，即畜禽和水产品养殖业的蛋白质饲料。一方面，我国的快速城镇化进程，扩大了中产阶级的规模、提高了人均可支配收入、引起了粮食消费结构的转变，居民的消费需求逐步沿着食物链上移，尤其是肉类消费量逐年上升。如图1-3所示，我国肉类（猪肉、牛羊肉、禽肉）消费量从2005年的人均26kg上升到2022年的46.3kg（《中国统计年鉴2023》）。肉类消费比重的上升将增加禽畜生产中的能耗与水耗，并且越来越多的农产品（大豆）将被用于生产动物饲料。另一方面，高品质口粮的需求有所增长，但进口总量并不大，主要用于满足特定需求。比如，国产小麦主要用于生产中低筋面粉，蛋白质含量低，不适合用于制作高端面包，而此部分需求需由进口方面满足。

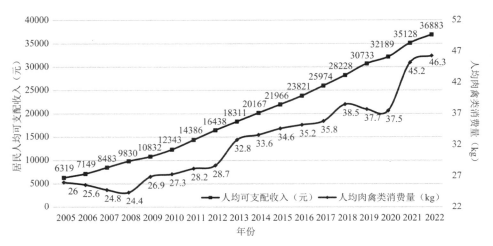

图1-3　2005—2022年人均可支配收入和人均肉禽类消费量
（数据来源：《中国统计年鉴2023》）

1.2　研究目的和意义

1.2.1　研究目的

在当前不稳定（Volatile）、不确定（Uncertain）、复杂（Complex）且形势模糊（Ambiguous）的VUCA时代，统筹发展与安全已成为我国经济社会发展的主旋律。由于水、能源和粮食之间的复杂关联关系，我国水资源短缺、能源对外依存度高、土壤质量不高等单一资源系统安全风险，不仅严重影响着单一资源系统的可持续性，还对关联子系统、耦合系统整体构成不可避免的压力，甚至由于跨地区、跨部门的级联效应而对区域社会－经济－环境发展造成不可预期的严重后果。比如，土壤质量不高和水资源短缺将增加粮食生产过程中的能源投入（化肥、农药、电力），增加能源系统供给压力。

基于此，本书聚焦区域水－能源－粮食耦合系统，总目标是在系统解析水－能源－粮食关联机理和协同机理的基础上，剖析三种资源的目标协同、张力协同、政策协同，提出可用于提升水-能源-粮食协同发展的优化路径。具体而言，包括"解构"和"重构"两个维度的子目标。在"解构"维度，从关联视角剖析耦合系统内部各要素间相互促进、相互制约、相互反馈的复杂关联关系，评价耦合系统要素间关联强度（资源安全）；在"重构"维度，从系统视角刻画耦合系统整体的运行现状和演变趋势，测算耦合系统"真实"协同度（资源效率），探寻水-能源-粮食协同演化与区域可持续发展的相互影响关系，以期为三种资源的有效治理、推动区域可持续发展提供建议和帮助。

1.2.2 研究意义

（1）拓宽区域可持续发展研究视角。水-能源-粮食关联作为区域可持续发展研究的新视角（李桂君等，2016b），已成为全球可持续发展研究的热点。本次研究以系统论为方法论，采用关联视角和系统视角，既关注水-能源-粮食耦合系统整体，又考虑水-能源-粮食间的复杂关联关系，以全面探究核心资源耦合系统与区域可持续发展间的关系，推动水-能源-粮食耦合系统协同发展，完善现有区域可持续发展研究中以单一资源视角为主的现状。

（2）构建区域水-能源-粮食耦合系统研究框架。本书基于"人类活动-自然环境"耦合背景，梳理区域水-能源-粮食耦合系统要素间关联关系，可归纳为核心关联（水、能源和粮食在生产、分配、消费、废弃物处理过程中的投入产出关系）、外围关联（城镇化、气候变化等外部驱动因素对水-能源-粮食的影响关系）和互动关联（水、能源和粮食生产、消费与区域社会-经济-环境的互动关系），构建了区域尺度水-能源-粮食耦合系统概念模型。借助过程系统工程思想和全生命周期理念，将单一资源系统按资源流解构为生产、分配、消费和废弃物处理四个阶段，而后从供给-消费视角重构并集成水-能源-粮食耦合系统分析框架，有助于提升水-能源-粮食耦合系统的认知，为实现跨尺度（区域、城市、家庭）、跨部门（水、能源、粮食、农业等）、跨学科（自然科学、社会科学、系统科学）的水-能源-粮食耦合系统集成奠定基础。

（3）定量分析指导实践。本书以中国省级行政区为案例，通过梳理区域水-能源-粮食在生产、分配、消费以及废弃物处理过程中的系统要素、识别要素间的关联关系及相应的关联点，定量评价耦合系统要素间的相互影响强度，测算我国不同地区在2005—2016年间水-能源-粮食耦合系统运行效率，为核心资源综合治理提供有益见解，尤其是量化分析结果展现了耦合系统的局部特征和整体趋势，有助于实现耦合系统的精准调控，并提升政策制定者在资源治理实践中的关联意识，逐步完善传统资源治理中以单一资源为主体的治理理念。

1.3 研究命题提出

对水–能源–粮食耦合系统的关注可追溯到 1965 年城市代谢（City Metabolism）理论的提出（WOLMAN，1965）。根据 WOLMAN（1965）测算，在一个假想的、拥有 100 万人口的美国城市，输入 62.5 万 t 水、2000t 粮食、9500t 燃料（煤、石油、天然气等），经过一天的消耗，将产生 50 万 t 废水、2000t 固体垃圾和 950t 空气污染物（二氧化硫、氮氧化物等）。此时的关注焦点为城市系统中质料（物质和能量）的"供应–消费–废弃"线性流动过程及质料的输入输出规模（卢伊和陈彬，2015）。城市代谢理论关注城市整体功能的实现和核心资源的消耗，尤其聚焦于水、能源和粮食三种核心资源的整体变化，资源间的复杂关联关系并非其关注焦点。而资源间关联关系早已在单一资源治理实践中获得广泛关注，以水资源为中心的资源综合管理模式获得的关注最广泛，1955 年开始的哈佛水项目（Harvard Water Program）①对此已有研究。

20 世纪 70 年代，在农业水资源管理实践中，水–能源和水–能源–农业中的多重关联关系获得广泛关注；到 80 年代，联合国大学（UNU）发起了食品–能源关联关系项目②，关注粮食生产、加工和消费过程中的能耗问题（SACHS & SILK，1990）。自 1992 年以来，水和环境国际会议（ICWE）的都柏林公告中将以水资源为中心的资源综合管理模式总结为水资源综合管理（IWRM）模式，旨在通过综合考量，平衡整个社会和经济中相互竞争的用水需求，同时又不损害重要生态系统的可持续性。IWRM 模式作为单中心的综合路径，实践中，由于缺乏强有力的政策协调机构，且相关政府部门对 IWRM 模式的价值缺乏认识，IWRM 方案往往遭遇执行困境（MULLER，2015）。据联合国环境规划署（2021）统计，IWRM 提出近 30 年后，全球仍有 87 个国家报告的 IWRM 实施水平为低或中等偏低。已经开展 IWRM 实践的国家为提升水资源综合管理提供了经验教训，同时，资源间关联关系重要性和复杂性的认知在 IWRM 实践中逐步提升，为后续三种核心资源间关联关系的提出奠定了基础。与此同时，联合国环境与发展大会发布《21 世纪议程》，可持续发展成为全球性议题，资源间关联关系的重要性和复杂性也获得足够重视。最典型的案例是水–能源关联关系，理论上，GLEICK（1994）从全生命周期视角测算了水资源生产过程中的能源消耗强度和能源开采加工过程中的水资源消耗强度，开创了水–能源关联关系的研究范式（WATER IN THE WEST，2013）；实践中，鉴于水–能源间不可分割的相互依存关系，美国能源政策法案（2005）要求美国能源局（DOE）会同其他关联机构共同应对水和能源相关

---

① 1955 年，哈佛大学的研究团队开始了一个旨在提升水资源系统规划设计能力的项目，以弥补联邦层面水资源系统规划指导意见的缺失，即哈佛水项目（MARTIN，2003）。哈佛水项目采取构建跨学科研究框架的形式来探讨水资源与"自然环境–人类社会"间的关系（MAASS et al.，1962；CAI et al.，2018）。

② 此项目被 ESTOQUE（2023）认为是研究资源关联（Nexus）的起点。

的议题（第 979 节）（WATER IN THE WEST，2013）。随着可持续发展理念的推广，越来越多的国际组织开始关注核心资源间复杂关联关系带来的不可预期后果，比如，世界经济论坛发布的全球风险报告（2008 & 2011）认为粮食安全与能源安全、水安全高度关联，过度关注某一种资源将会产生不可预期的严重后果。

直到 2011 年，随着水–能源–粮食关联关系在德国波恩会议中被正式提出（HOFF，2011），资源间关联关系的研究才实现了"单中心–双中心–多中心"的转变，并获得学术界、政府机构、公益组织、企业的密切关注。据统计，2011—2015 年，全球共有 291 个政策制定部门、学术机构、企业组织参与水–能源–粮食耦合系统的理论与实践工作，为人类在城市化、反贫困、应对气候变化过程中合理利用水、能源和粮食资源提供决策依据[1]。现有资源管理政策多基于单一部门决策，虽可"有效"应对单一资源系统安全风险，并可提升耦合系统运行效率，但是随着时间的推移，现有政策往往会引起资源安全风险在耦合系统间转移，甚至产生不可预期的严重后果。比如，印度村庄的电力补贴政策虽然推广了清洁能源在农村地区的使用、确保了农村地区的用水安全、满足了粮食生产的需水量，但是却造成农村地区地下水过度开采、影响季风环流的严重后果[2]；内蒙古农业灌溉和煤炭开采虽然保障了国家粮食安全和能源安全，却造成地下水水位下降，引发草场退化、湖泊面积萎缩等生态危机（TAO et al.，2015）[3]。此类政策效果减弱的原因是由于子系统间关联效应的存在，且在实践中未能获得有效应对，无法实现三者协同发展。为此，美国国家科学基金会于 2016 年宣布资助水–能源–粮食耦合系统领域的基础科学、工程学、教育培训研究（INFEWS）。2017 年，中美两国国家自然科学基金委员会以合作研究项目形式，共同资助中美两国科学家在水–能源–粮食耦合系统领域开展合作研究（INFEWS：U.S.-China）。2018 年，中国工程院将水–能源–粮食耦合系统认定为具有前瞻性、先导性和探索性的研究前沿；而"如何实现大城市水–能源–粮食供给的平衡和平等"已被中国科协审定为 2019 年度人类社会发展十大科学问题之一。截至 2023 年，Web of Science 共收录超过一万篇水–能源–粮食耦合系统研究成果。足见，水–能源–粮食耦合系统已成为全球可持续发展热点议题之一。

1.3.1　英文文献：水–能源–粮食耦合系统研究快速发展

水–能源–粮食耦合系统作为一个开放式复杂系统，自 2011 年被正式提出以来，世界范围内以水–能源–粮食为主题的会议、项目和研究报告层出不穷（ENDO et al.，2015），已成为政府部门、企业、学术机构和公益组织的关注热点，呈现蓬勃发展的态势，具体而言，研究视角多样化、研究内容丰富化、研究方法跨学科化、研究尺度微观化。

---

[1] PATRICIA ROMERO LANKAO, TIMON MCPHEARSON, DEBRA J DAVIDSON. The food–energy–water nexus and urban complexity[J]. Nature Climate Change, 2017(7): 233-235.

[2] 印度在 1950—1985 年地下水开采量增加了 115 倍，并且还因每年高达 34 万 m³ 的蒸发量而影响印度季风环流（HOFF，2011）。

[3] 资料来源：人民网。http://politics.people.com.cn/n/2015/0510/c70731-26975188.html。

1. 五大研究视角

研究视角是指水－能源－粮食耦合系统研究的切入点，包括安全视角、管理视角、功能视角、技术－生态视角、信息－物质视角。由于学术界和实业界均未存在一致的、具有广泛认可的水－能源－粮食耦合系统定义，不同的研究视角虽带来不一样的概念界定，但是均有益于提升水－能源－粮食耦合系统的理解。安全是水－能源－粮食耦合系统的最早研究视角，由 HOFF 于 2011 年提出，故水－能源－粮食关联又可称为"水－能源－粮食安全关联（Water-energy-food Security Nexus）"，是指通过优化水、能源和粮食间的关联关系，提高资源利用效率、增进资源协同，确保三种资源的供给安全。随后，联合国粮农组织（FAO）于 2014 年从管理视角纳入了生态系统和利益相关者，强调资源治理过程中的安全与公平；FAO 认为耦合系统路径是核心资源有效治理的新路径，为实现跨部门资源治理提供了框架基础。接着，部分学者基于水－能源－粮食耦合系统对促进区域可持续发展的作用，提出了功能视角，以进一步完善安全和管理视角的研究；功能视角强调水－能源－粮食协同结构，是增强系统韧性、适应气候变化、促进资源公平分配的保障（RASUL & SHARMA，2016；GONDHALEKAR & RAMSAUER，2017）。

基于此，水－能源－粮食耦合系统不仅包括属于自然系统的资源，还包括属于人类活动范畴的服务，LEUNG PAH HANG et al.（2016）和 MARTINEZ—HERNANDEZ et al.（2016 & 2017）将其总结为技术－生态视角，并以地区生产系统中的水－能源－粮食耦合系统为案例进行量化研究，展现了地域空间范围内产业和生态系统间的相互依赖关系；认为通过增强本地资源子系统间的协同作用，有助于充分利用本地资源，满足本地资源需求，降低工业生产活动对生态系统的影响。由于水－能源－粮食耦合系统缺乏一致的概念界定，为有效梳理特定尺度和地区的水－能源－粮食关联，COVARRUBIAS（2018）提出了信息－物质视角，聚焦于人类行为与基础设施间的关系，通过刻画水－能源－粮食耦合系统中的信息流和物质流，有助于梳理城市关联网络、实现资源关联治理；信息－物质视角的定性阐释，可为水－能源－粮食耦合系统的概念界定和理论发展提供丰富的实践经验。

2. 三类研究议题

研究内容聚焦于水－能源－粮食耦合系统的静态刻画、动态模拟与整体调控。静态刻画展现了水－能源－粮食耦合系统地方性、复杂性特征，有助于提升水－能源－粮食耦合系统的认知，包括关联关系的阐释和关联结构的描述。基于具体的实践案例，关联关系的阐释既包括本地水－能源、水－粮食、能源－粮食三个方面的核心关联阐释（HOFF，2011），还包括水－能源－粮食耦合系统与气候变化（DALE et al.，2015）、生态系统（LIU，2016；DE STRASSER et al.，2016）、土地（DE ABREU & MACHADO，2023）、碳（XU et al.，2020）、生计（BIGGS et al.，2015）、森林（MELO et al.，2021）等要素的外围关联阐释。关联结构的描述包括系统要素（点）及其层级结构的识别、相互影响关系（线）及其反馈回路的刻画和行动方案（面）及其实现路径的呈现，实践中借助层级结构图（LI et al., 2019a）、因果回路图（HALBE et al., 2015）和概念框架图（CONWAY et al., 2015）分别从点-线-面三个维度展现系统关联结构。

动态模拟可加深水-能源-粮食耦合系统运行机制和作用机制的认识，实现系统结构的精准刻画，可概括为黑箱模拟和结构模拟。黑箱模拟是指将水-能源-粮食耦合系统视为黑箱，通过黑箱投入-产出分析（LI et al., 2016；HUANG et al., 2023）和成本-收益测算（ENDO et al., 2015），评价黑箱的整体运行状态，有助于克服当前关联关系不清晰给系统量化带来的障碍，也可对比不同地区水-能源-粮食耦合系统的运行状态和变化趋势；结构模拟在系统结构分析的基础上，通过打开黑箱和情景模拟，实现系统结构的定量刻画和未来发展变化趋势的预测，聚焦于系统结构的量化和内部要素间的关联强度，目的是实现系统的最优化。当前，水-能源-粮食耦合系统的协同优化已成为热点议题之一，单目标、多目标线性或非线性规划等优化方法被广泛应用于水-能源-粮食耦合系统的全局或局部优化研究。采用"目标函数 + 约束条件"的方式刻画关联结构，借助情景模拟，分析各种应对策略的优劣。

整体调控旨在促进三种资源协同演化，是关联概念落实于实践案例的核心步骤。静态刻画和动态模拟的结论为整体调控奠定了基础，实践中，整体调控的过程仍需要纳入利益相关者（MOHTAR & DAHER，2016），因为本地利益相关者的参与不仅为提升本地水-能源-粮食关联关系的认知提供了本地知识与经验，还可通过提升政策制定者和利益相关者的关联意识，助力关联政策的执行。其次，整体调控仍需关注生产端和消费端的调控差异。现有研究更加关注生产端的调控，因为生产端的行为更集中，而消费端的行为更分散、更不可控。HUANG et al.（2021）测算结果显示，消费端的调控效率要显著高于生产端。此外，水-能源-粮食关联作为实现可持续发展的新视角，关联治理仍需建立相应的评价指标体系并借鉴现有的资源环境治理经验。WEITZ et al.（2017）将关联治理视为环境综合治理的第八大工具，不仅为关联治理提供了环境综合治理中成熟的、可借鉴的实践经验，还将关联治理由单纯的资源治理上升为以环境综合治理为背景的资源治理，有助于从环境治理视角加深水-能源-粮食耦合系统的认知。

3. 研究方法、工具与平台

水-能源-粮食耦合系统的研究是一项跨学科议题（ZHUANG et al., 2021），需要综合集成自然科学、社会科学和系统科学。目前，越来越多的跨学科研究方法被运用于耦合系统刻画、模拟与调控，具体研究方法的选取服务于研究目标和研究内容的需要。ENDO et al.（2015）最早从定性研究方法和定量研究方法两个方面梳理了耦合系统中的跨学科和交叉学科研究方法；ZHANG et al.（2018）基于现有文献的分析，总结了目前耦合系统研究中的八大核心研究方法；DARGIN et al.（2019）运用专家打分法评价了耦合系统实证研究中的八大评价工具；BOIS et al.（2024）从数学建模、参与式路径、多准则决策三个层面分析了耦合系统研究中的多主体综合集成类方法，如表 1-1 所示。

耦合系统研究的核心方法与工具 表 1-1

类别	名称		参考文献
定性研究方法	✧ 本体论工程 ✧ 问卷调查法 ✧ 地图集成法	✧ 调查统计法 ✧ 解释结构模型 ✧ 文本分析法	ENDO et al.（2015） ZHANG et al.（2018） LI et al.（2019a）
定量研究方法	✧ 主体建模法（ABM） ✧ 收益−成本分析法（BCA） ✧ 可计算一般均衡模型（CGE） ✧ 全生命周期分析法（LCA） ✧ 系统动力学模型（SD）	✧ 计量分析法 ✧ 生态网络分析法 ✧ 指标集成法 ✧ 最优化管理模型 ✧ 实体模型评价法	ENDO et al.（2015） ZHANG et al.（2018）
研究工具和平台	✧ NexSym 平台 ✧ Foreseer 工具 ✧ 关联评价工具（Nexus Tool 2.0） ✧ 水−能源集成平台（WEAP-LEAP） ✧ 气候−土地−能源−水资源系统集成平台（CLEWs） ✧ 关联系统快速评价工具（Nexus Rapid Appraisal Tool） ✧ 基于社会生态系统代谢的多尺度综合评估平台 ✧ 联合国可持续发展目标集成规划平台 ✧ 世界银行气候与灾害风险筛查工具集		DARGIN et al.（2019） MARTINEZ−HERNANDEZ et al.（2017）

然而，由于关联关系量化中的方法论障碍（CHANG et al., 2016），越来越多定量研究方法的思想被运用于定性研究，比如运用 SD 模型中的因果回路图展现和分析耦合系统结构（HALBE et al., 2015），而过程系统工程法（GARCIA & YOU, 2016）是基于全生命周期的思想将耦合系统分解为若干个核心子过程，并在过程分析中实现系统要素分类、关联机制展现和关联点识别。在具体研究内容上，静态刻画与整体调控是基于特定案例的挖掘，借助流程图和利益相关者工作坊的形式，展开关联关系的阐释、提供关联政策制定的依据，以定性分析为主；LI et al.（2019a）辅以矩阵布尔运算和矩阵分解方法，实现"定性−定量−定性"的集成，有效提高了定性分析的效率。动态模拟是以定性方法的分析结论为基础，通过指标集成、方程设定、算法选取，实现耦合系统在不同时空尺度的精准刻画，包括效率分析、趋势预测、核心要素识别、政策情景模拟、多目标优化、障碍度测算等。充分发挥各研究方法的优势，集成多种研究方法解决水−能源−粮食耦合系统的跨学科问题是当前的研究热点，也是未来的发展趋势，比如，投入产出效率测算与空间分析相结合，增加投入产出分析的空间维度，剖析投入产出效率的空间相关性、溢出效应等。

4. 四大研究尺度

水−能源−粮食耦合系统的空间尺度包括家庭、区域、国家和全球四大尺度，其中，大尺度的研究侧重空间差异和跨地区、跨尺度的关联关系，小尺度的研究更关注人类行为。家庭尺度关注单个家庭或多个家庭（社区）水、能源和粮食的消费模式与消费行为；区域尺度既包括泛指与上级政府行政权力相对应的本级地区，比如与中央政府相对应的省级行政区、与省级政府相对应的地级市行政区；也包括泛指地理上相邻的区域以非政府行政权力为纽带而集聚的国家或地区，既包括以自然资源（比如水资源）为纽带的流域地区，比如湄公河流域（FORAN，2015）、阿姆河盆地（JALILOV et al.，2015），也包括以经济发展为纽带的跨省、跨国地区，比如南非发展共同体（SCHREINER & BALETA，2015）和粤港澳大湾区、京津冀地区等。国家尺度强调以政府行政权力边界为界限的研究范围。但是，需要注意的是，不同尺度的水–能源–粮食耦合系统和同一尺度下不同地点的水–能源–粮食耦合系统均拥有不同的系统结构，因此，需要具体问题具体分析。

　　早期水–能源–粮食耦合系统的研究沿袭了单一资源综合治理模式（IWRM）的研究尺度，聚焦于国家尺度和流域尺度，典型的案例如 DAHER 和 MOHTAR（2015）开发了关联评价工具（Nexus Tool 2.0），并以卡塔尔为案例展开了实证研究，HOWELLS et al.（2013）集成了现有的水（WEAP）–能源（LEAP）–土地利用（AEZ）模型，并在毛里求斯共和国开展了实证研究。自德国国际合作组织（GIZ）和倡导地区可持续发展国际理事会（ICLEI）于 2014 年提出城市关联（Urban Nexus）概念以来，越来越多的研究开始聚焦地区（Local）尺度。一方面，城市化地区集聚了大量人口，消耗了大量水、能源和粮食资源，确保城市化地区的核心资源安全已成为耦合系统的研究焦点，极具现实意义；另一方面，城市化地区的耦合系统在与经济、社会、环境、基础设施等系统的频繁互动中，耦合系统中的关联结构更复杂，迫切需要开展跨尺度、跨地区、跨部门、跨学科的交叉融合研究。具体而言，在模型设计和边界界定时，聚焦于城市行政区域内的市区（City）或农村地区，将城市系统视为静态的封闭系统（RAMASWAMI et al.，2017），虽可降低复杂性，实现关联关系的量化，但是却无意中隔离了水–能源–粮食耦合系统与城市化地区（Urban Area）的可持续发展议题，不利于将市区的关联机制向上集成为城市甚至区域的关联机制。比如HUNTINGTON et al.（2021）聚焦阿拉斯加农村社区水–能源–粮食耦合系统的可持续性和韧性，结果表明交通和治理是影响该地区水、能源和粮食安全的关键因素。

　　时间维度在现有耦合系统研究中正逐步受到重视，HUNTINGTON et al.（2021）表明任何耦合系统都是随着时间动态变化的。部分综述性研究已经开始讨论时间维度在研究方法与研究工具中的重要作用，比如，BOIS et al.（2024）单独分析了现有研究方法的时间维度，发现大部分量化研究都强调时间维度，社会分析类研究是非时间线的。因为时间维度的加入意味着耦合系统的动态变化，目前耦合系统的研究阶段已由加深认知转向成果落地阶段，迫切需要在模型、研究中增加时间维度，开展动态–量化研究。时间维度包括小时、月度、季度、年度等，时间维度的选择需满足研究目的，比如可选择小时以测算风力发电量和太阳能发电量，也可选择季度以测量雨水的收集量（LEUNG PAH HANG et al.，2016）。

实践中，不同时间维度具有不同的相对优势，季度作为时间维度除了与本地降雨、农业生产规律相适应外，还可观察不同季度气候因素对资源消费量、消费模式和消费行为变化的影响（HUSSIEN et al., 2017）；以年度作为时间维度不仅可简化模型，更有助于展开变化趋势分析，对未来演变趋势进行预测；现有研究的时间维度以季度和年度为主。

1.3.2 中文文献：水－能源－粮食耦合系统研究持续完善

与英文文献研究相比，中文文献对水－能源－粮食耦合系统的研究和实践则很沉闷，起步时间较晚，相关的研究成果不多、成果同质化严重，不仅表明我国学术界和实业界依旧未能意识到水－能源－粮食耦合系统的重要性，还显示了在气候变化和城镇化冲击下，尽管我国各地区广泛存在单一资源安全风险（比如水资源短缺），但是我国水－能源－粮食耦合系统并未因此遭受损害且形成广泛危机。比如，2022年川渝地区的复合极端事件（高温、干旱、山火、暴雨等）虽然影响了局部水、能源和粮食资源安全，包括河道水位下降、发电量减少、粮食减产，制约了地方及关联地区的正常经济活动，但并未形成严重的、不可预期的后果。

水－能源－粮食耦合系统研究作为全球可持续发展的热点议题，截至2023年底，中国学者以"水－能源－粮食耦合系统"为主题发表的英文学术论文超过500篇，而在中国知网上收录的中文论文则少于200篇。现有中文研究以实证研究为主，主要关注水－能源－粮食耦合系统的评价：投入产出效率（李桂君等，2017）、耦合协调度（邓鹏等，2017）、安全性评价（白景锋和张海军，2018）、系统的模拟与仿真（米红和周伟，2010；李桂君等，2016a），以及系统的优化（彭少明等，2017）。研究尺度涵盖国家、区域、地区和城市，时间维度均以年度为单位，研究数据来源于投入产出表、统计年鉴和统计公报。近年来的研究基本延续了以上5个主题，但是在研究对象上呈现出多样化特点，现有研究聚焦长江经济带、黄河流域等重点区域，关注北京、江苏、山西、京津冀、大湾区等地区，缺乏消费端的家庭尺度研究，未能刻画我国不同地区城乡居民水、能源和粮食消费的行为模式和行为特征。此外，国内研究侧重于方法学在不同研究对象上的应用，缺乏理论层面水－能源－粮食耦合系统阐释，尤其是不同地区、不同尺度的耦合系统关联结构尚待挖掘，跨地区、跨尺度的综合集成研究仍处于起步阶段。现有研究成果只展现了水－能源－粮食耦合系统的复杂性特征，未能反映水－能源－粮食耦合系统的地方性、尺度性特征，对"如何落地""如何影响政策制定"等问题的思考仍显不足。

尽管国内现有研究成果不多，但是以水－能源－粮食耦合系统为主题的研究项目却呈现蓬勃发展的趋势，按项目资金来源可分为国家自然科学基金委员会资助项目（简称"国自科项目"）和国际组织资助项目。国自科项目包括面上项目和中外合作项目两大类，典型的中外合作项目为"中美合作项目"，中美两国的国家自然科学基金自2016年开始，资助两国科学家在"食品、能源、水（FEW）"领域的合作项目（INFEWS：U.S.-China），重点关注"水−能源−粮食系统耦合和反馈机制，以进一步提高水−能源−粮食系统的理解"与"方法创新：解决具体挑战、改善系统韧性、提高可持续性"。INFEWS 的资助领域表明中美两国均面临着水、能源、粮食三者的冲突，由于三种资源间的复杂关联关系，不仅对水−能源−粮食耦合系统缺乏有效认知，解决三者冲突的研究方法和可行方案依旧缺失，故理顺三者的关系将为两国带来新的发展机遇（詹贻琛和吴岚，2014）。国际组织资助项目聚焦于具体的中国案例研究，包括世界自然基金会（WWF）和能源基金会（EF）等。前者依托中央财经大学政策研究所对未来长三角地区水−能源−粮食资源关联行动开展预评估，后者则资助中国科学院地理科学与资源研究所，以水−能源关联关系为主题，选取了中国能源基地——鄂尔多斯市，展开水−能源−粮食耦合系统案例研究。基于项目介绍[①]和研究报告[②]，两项国际组织资助项目均落脚于水−能源−粮食耦合系统的管理对策及效果评价。

　　近三年，国内实行匿名通信评审、不限定选题范围的三大基金项目（国家自然科学基金、国家社会科学基金、教育部人文社会科学基金）共有 37 项以"水−能源−粮食"为主题的科研项目获得立项资助，如表 1-2 所示，表明我国科学家在水−能源−粮食耦合系统领域已具备一定的研究基础。

2021—2023 年国内三大基金项目资助水−能源−粮食耦合系统研究项目信息　　表 1-2

资助年份	项目名称	基金类型
2023 年 （共 11 项）	海河流域"地下水−粮食−能源"的系统韧性：反馈机制及优化协同效益研究	国家自然科学基金
	考虑水资源"量−质"可持续性的跨区域粮食贸易系统建模及动态补偿研究：基于粮食−水−能源−生态视角	
	粤港澳大湾区水−能源−食品纽带系统二元安全性诊断与模拟	
	"双碳"目标下北方粮食主产区水−土地−粮食−碳耦合机理与优化调控研究	
	极端事件下水−电−粮食耦合系统风险测度与韧性评估研究	
	整体协同与内部竞争视角下区域水−能源−粮食系统优化与调控政策	国家社会科学基金
	"水−能−粮−经−生"耦合下黄河流域农业节水效率	
	生态安全视域下长江流域水−能源−粮食复合系统补偿机制研究	
	基于隐性要素流动的黄河流域水−能源−粮食交织系统远程耦合效应及协同治理策略	
	绿色发展下黄河流域水资源−能源−粮食协同机理与提升路径研究	教育部人文社会科学基金
	长江经济带农业"水−能−碳"关联系统耦合机理与减碳节水协同路径研究	
2022 年 （共 14 项）	基于"水−能源−粮食−生态"纽带关系的澜沧江水库群调度策略研究	国家自然科学基金
	城市群"粮食−能源−水−土地"关联的时空特征及其影响机制	
	长江中游水−能源−粮食−环境互馈系统的协同演变与致灾阈值	
	基于"水−粮食−能源"纽带系统的黄河流域水资源优化配置	

① 项目介绍参考中央财经大学政策效应研究所网站：http://www.ripe-cufe.org/?p = 12930（访问时间：2018 年 11 月）。
② 研究报告参考：中国科学院地理科学与资源研究所.鄂尔多斯市水与能源协同对策研究[R]. 北京，2017-4。

资助年份	项目名称	基金类型
2022 年 （共 14 项）	干旱灌区基于新型农业模式的"水–粮食–能源–生态"系统可持续协同调控机制研究	国家自然科学基金
	"双碳"目标下多层级水–粮食–能源–生态关联优化方法与模型研究	
	黄河流域水–能源–粮食系统协同耦合机理及风险评估	
	黄河流域粮食和能源产业用水竞争协同机制与多维调控	
	产业间水–能–食物关联系统仿真与优化——以成渝地区双城经济圈为例	
	"粮–能–水"纽带关系下耕地多功能演变机制与优化路径研究	
	中国和巴基斯坦典型地区气候变化对水–能–粮纽带关系的影响评估与调控机制	
	干旱灌区基于新型农业模式的"水–粮食–能源–生态"系统可持续协同调控机制研究	
	共生视域下长三角地区水–能源–粮食系统协同安全的时空格局、驱动机制与优化路径研究	教育部人文社会科学基金
	中国城市群水–能源–粮食系统耦合关联的时空特征、影响机制及优化策略研究	
2021 年 （共 12 项）	跨区域视角下我国食物浪费核算及其对能–水–碳的影响研究	国家自然科学基金
	水–能源–粮食纽带关系空间均衡作用机制与测度模型	
	气候变化背景下中巴经济走廊水–能–粮系统安全性评价与适应性机制研究	
	城市家庭食物–能源–水消费驱动因素解析与模拟	
	区域水–土–能源–粮食耦合系统风险特征识别及其调控机理研究——以黑龙江省为例	
	基于水–能源–粮食–碳关联框架的作物种植结构空间协同优化研究	
	甘肃黄土区梯田工程的水–碳–粮–能服务效应与耦合机制	
	"水–能–粮"耦合视角下的我国农业气候变化适应策略研究	
	水资源–能源–粮食关联视角下的黄河流域水安全协同保障研究	
	城市蓝绿基础设施对食物–能源–水关联关系的影响机制研究	
	新发展理念下黄河流域水资源–能源–粮食协同发展模式与风险防范机制研究	国家社会科学基金
	长江经济带"水–能源–粮食"关联系统的协同安全测度和发展路径研究	

数据来源：国家自然科学基金、国家社会科学基金、教育部人文社会科学基金官网。

1.3.3 "水–能源–粮食耦合系统协同演化"命题的确定

综合国内外现有研究成果可以看出，水–能源–粮食耦合系统研究在国外呈现蓬勃发展的趋势，国内研究正在持续完善，中国学者的研究工作仍然不足。整体而言，我国水–能源–粮食耦合系统的研究尚处于快速发展阶段，研究特色不明显，属地化、独具中国特色的水–能源–粮食关联关系、关联结构尚待识别和归纳。理论上缺乏系统视角对水、能源和粮食三者协同演化机制和机理的分析（李澂等，2024），实证中缺乏科学有效的水-能源-粮食耦合系统协同演化规律测度与评价，导致难以制定行之有效的实现途径。具体而言，存在以下工作尚待进一步完善：

（1）不同尺度的水-能源-粮食耦合理论研究尚待深入。纵观国内外现有研究，水-能源-粮食耦合系统的理论研究严重不足，尤其是国内研究，主要以实证研究为主。目前水-能源-粮食耦合系统尚未存在一个共同认可的概念，ZHANG et al.（2018）总结了耦合系统的两个常用概念，一是关联视角下的各种复杂关系，二是系统视角下的可用于减缓部门冲突的实践路径。水-能源-粮食耦合系统的研究属于跨学科议题（ZHUANG et al.，2021），涉及环境工程、环境科学、水资源、地理科学、城市研究等四十多个学科（刘倩等，2018；张宗勇等，2020）。在理论基础上，国外学者的阐释主要从资源与环境视角，目的是实现从概念向行动的转变，讲究落地，包括资源折中理论（CONWAY et al.，2015）、环境综合治理理论（WEITZ et al.，2017）、适应性治理理论（ALI & ACQUAYE，2021）等；国内学者主要从系统论和协同论视角（李桂君等，2016a；彭少明等，2017），部分学者关注复杂关联背景下的城市水-能源-粮食资源优化配置（张力小等，2019），阐释水-能源-粮食耦合系统的提出背景和研究基础，以及中国背景下的水-能源-粮食复杂关系（李心晴等，2021）。理论的突破需要基于大量的实证研究，国外实证研究已表明，水-能源-粮食耦合系统具有尺度特征（HUNTINGTON et al.，2021），即不同尺度（全球、国家、区域、城市、家庭等）的耦合系统具有差异化的关联关系、影响因素和实现路径。因此，在理论尚未突破之前，基于具体研究尺度（比如区域尺度）的理论构建有助于加深水-能源-粮食耦合系统的理解，有益于推动理论发展。在高质量发展背景下，中国的城市人口规模和经济规模将越来越大，资源安全将成为推动城市高质量发展优先应对议题，届时关联视角和系统视角将成为解决区域和城市核心资源危机，确保地区水、能源和粮食共同安全的可靠切入点。区域资源供给作为城市资源安全的重要保障，构建我国区域尺度水-能源-粮食耦合系统理论框架、阐释三种资源间的协同演化机制和机理，极具理论和现实意义。

（2）耦合系统结构尚待精准刻画。现有研究对耦合系统结构的认知也在逐步加深，部分研究对耦合系统结构进行了定性阐述和图形化呈现，比如"点-线-面"的关联结构，有助于直观展示耦合系统内部各要素的关联关系和要素间的层次结构特征，提升研究者和政策制定者的关联意识。但是随着研究进程的推进，不仅需要了解耦合系统要素间是否存在关联，更需要知道要素间的关联强度和关联方向，故定性地展示和阐释已无法满足耦合系统结构刻画和资源治理实践的需求。尽管部分研究尝试借助系统动力学模型刻画水-能源-粮食耦合系统的动态反馈结构（李心晴等，2021），对耦合系统结构的精准刻画具有一定的借鉴意义，但是此类研究的焦点在于通过耦合系统结构的模拟实现对未来变化的预测，无法刻画耦合系统要素间的作用强度。亦有部分研究采用"目标函数＋约束条件"的方式，借助机器学习、遗传算法等技术，优化模拟水-能源-粮食耦合系统结构，仍无法实现精准刻画。

因此，采用方程组的形式，通过在各个子系统结构方程中设置相同影响要素的形式展现耦合系统结构，并通过历史数据拟合评价子系统内和子系统间的要素作用强度与作用方向，以精准刻画水–能源–粮食耦合系统结构、定量分析三种资源间的张力协同状态，既是现有图形展现形式的有效补充，也可为下一步实现耦合系统结构的动态模拟仿真奠定基础。

（3）水–能源–粮食耦合系统的"真实"协同状况尚待评价。国内外现有研究表明，水–能源–粮食耦合系统的运行除受地区社会、经济和环境等多种因素的交互影响外，还受制于相应管理部门间的协同作用。目前水–能源–粮食耦合系统协同评价分为基于过程的协同评价和基于目标的协同评价，与之相对应的协同度测量方法可归纳为直接测度法和间接测度法。直接测度法有效应用的前提是三者间运行机制的清晰刻画，通过指标集成分别测算三个子系统的运行状态，并基于三个子系统的状态变化判断耦合系统是否协同，比如耦合协调度模型、压力指数法等；间接测度法则从协同所需要实现的目标入手，如果耦合系统朝着目标运动，则可判断耦合系统处于良好的协同状态，比如 DEA、Nexus Tool 2.0、最优化模型等。在现有协同度测度中，因未能有效剥离外部因素（社会、经济、环境）对水–能源–粮食耦合系统的直接或间接影响，无法反映三者间的"真实"协同状况，导致无法区分协同状态变化的原因，是源于外部冲击的减弱还是内部系统韧性的提升，亦无法进行有效的横向对比。比如北京市和重庆市水–能源–粮食耦合系统的协同差异受两地差异化的经济社会发展水平、资源禀赋等影响，无法直接反映两地的"真实"管理水平。为此，"真实"协同状况的测度不仅有助于提升水–能源–粮食耦合系统的理解，更有助于当前"真实"管理水平和未来关联政策效果的评价。

（4）耦合系统与区域社会–经济–环境大系统的互动关联研究尚待深入。虽然水、能源和粮食的安全对区域可持续发展的重要性已达成共识，但是作为区域可持续发展新视角，仍需进一步探讨水–能源–粮食耦合系统协同度与区域社会–经济–环境系统要素间的互动关系。一方面，现有研究通过情景模拟、聚类回归分析等，探讨了不同社会、经济、气候情景下耦合系统的变化趋势，逐步将人口、森林、生态系统等要素纳入水–能源–粮食耦合系统框架，但是仍缺乏历史变化规律的认知。通过耦合系统协同度和区域社会–经济–环境系统要素互动关系的拟合，不仅为两者间的相互影响关系提供新论据，还可通过决策拐点分析明确驱动要素对耦合系统的影响规律。另一方面，现有研究对区域社会–经济–环境大系统的划分多基于地理区位和经济社会发展水平，典型代表为东部、中部、西部地区，此类地区存在显著的社会经济发展水平差异且各地区的生态环境水平也明显不同，势必会对耦合系统产生差异化影响。为此，有必要从资源禀赋的角度出发，将全国各个省级行政区按水、能源和粮食禀赋重新分类，比如丰水区和缺水区，粮食主产区、主销区和产销平衡区等，探究不同类别下耦合系统与区域社会–经济–环境大系统的互动关联规律。

因此，本研究选取"水–能源–粮食耦合系统协同演化"这一核心命题，聚焦于协同演化规律的刻画与测度，以期弥补现有研究的不足，并推动水–能源–粮食耦合系统研究的发展。

1.4　研究方案设计

1.4.1　研究思路

本书对区域水－能源－粮食耦合系统的剖析分别从核心关联、外围关联和互动关联三个维度展开。核心关联阐释三种资源在静态－封闭行政区划内部的相互促进、相互制约与相互反馈关系；外围关联强调外围要素（社会、经济、环境）和人类行为驱动核心关联变化的作用范围和影响强度；互动关联反映三种资源间的协同效果与区域社会－经济－环境系统间的相互适应性，如图 1-4 所示。

图 1-4　区域水－能源－粮食耦合系统三大维度示意图

基于此，本书将区域水－能源－粮食耦合系统的研究放置于"人类活动－自然环境"耦合背景下，沿着"解构黑箱→重构黑箱→调控黑箱"的思路，立足资源生产、消费和废弃物处理三大过程，逐步解构区域水－能源－粮食耦合系统黑箱，再从供给端－消费端重构区域水－能源－粮食耦合系统黑箱。首先，基于单一资源系统和耦合系统、环境治理等研究资料的阅读、整理与分析，抽象并完善现有区域尺度水－能源－粮食耦合系统阐释框架，展开区域水－能源－粮食耦合系统协同作用机理分析。在此基础上，选取中国省级行政区作为案例，构建中国不同地区水－能源－粮食耦合系统的长面板数据（2005—2016 年），逐步评价耦合系统要素间相互影响强度、测算耦合系统整体协同度、分析调控要素的决策拐点，总结区域水－能源－粮食协同演变规律。

1.4.2 研究方法

基于前述研究背景、研究目的以及现有耦合系统研究中的方法论障碍，本书主要采用下述研究方法：

（1）文献研究法：水−能源−粮食耦合系统的研究在国内外学术界和实业界已有相关阐述和论证，因此，通过收集国内外资源间关联关系与城市新陈代谢相关的论文、报告和案例集，梳理、对比并分析现有文献中的关联关系、概念界定、理论流派、研究方法、数据指标，以构建本书的研究框架，并确定本书的研究方法。然而，水−能源−粮食耦合系统研究作为一项新兴的、正在磅礴发展的研究课题，为增强对耦合系统的全面系统认识，包括提出背景、实践困境、研究障碍等，作者选择到水−能源−粮食耦合系统的提出机构（斯德哥尔摩环境研究所）实习、参加与耦合系统主题相关的各类国际学术/实践会议（比如Nexus 2018）和研究项目（如中美水−能源关联关系项目）、加强与该领域的专家/同行们的交流，力求将文献研究与领域内的前沿课题充分结合。

（2）定量分析法：联立方程模型和三阶段DEA模型。基于文献研究的结论，为保证研究方法的适用性和前沿性，本书运用联立方程模型和三阶段数据包络分析方法开展定量分析。联立方程模型旨在精准刻画耦合系统结构，评价耦合系统要素间的相互作用方向和强度，完成张力协同研究；运用方程或方程组的形式展现耦合系统结构在水−能源−粮食耦合系统研究中的应用依旧不多，要素间关联强度测算以足迹法为主，研究深度仍不足以精准刻画耦合系统结构。三阶段DEA模型旨在测算水−能源−粮食耦合系统"真实"协同度，完成目标协同研究；核心关联深受外围要素影响已成为水−能源−粮食耦合系统研究共识，但是鲜有研究关注剔除外围影响后的核心关联状态，即"真实"协同度，三阶段DEA模型集成传统DEA模型和随机前沿分析模型，在剔除外围驱动要素对核心关联的影响上独具优势。本研究运用2005—2016年中国30个省级行政区的长面板数据展开定量分析，揭示我国区域水−能源−粮食耦合系统的运行状态、行为规律和区域特性。

（3）定性分析法：流程图和演变图谱。流程图主要用于关联机制阐释，借助过程系统工程的思想，定性分析区域水−能源−粮食耦合系统在生产、分配、消费和废弃物处理过程中的共演化和协同作用机理；演变图谱主要用于剖析区域社会−经济−环境大系统驱动要素与耦合系统"真实"协同度的演变趋势，定性挖掘水−能源−粮食耦合系统与区域大系统间的互动关系。

1.4.3 技术路线

技术路线是研究目的、研究思路与研究方法的综合，本书的技术路线将沿着"命题提出→理论分析（概念和机理）→实证论证（影响强度、协同度和决策拐点）→总结展望"

路线，由表及里、由浅入深地剖析区域水-能源-粮食耦合系统。具体研究技术路线与研究内容如下：

（1）研究命题提出。基于水、能源和粮食安全风险的分析及发展趋势判断，明确水-能源-粮食耦合系统将成为实现区域可持续发展的关键变量；其次，基于现有水-能源-粮食耦合系统研究现状的把握及其理论与实践发展的需要，提出本书的研究焦点：协同状态＝影响强度＋协同度＋决策拐点。

（2）内涵界定与研究述评。在确定研究对象和研究焦点之后，对区域尺度、水-能源-粮食关联、水-能源-粮食协同发展的内涵进行界定，为下文的理论分析与案例选取奠定概念基础。同时，对国内外在水-能源-粮食耦合系统及其协同发展的研究现状、理论基础和发展趋势进行梳理与评价，为区域水-能源-粮食耦合系统的协同机理分析奠定基础。

（3）区域水-能源-粮食耦合系统协同机理分析。本部分首先界定区域水-能源-粮食体系的三大层面：核心关联、外围关联、互动关联；继而借助过程系统工程的思想，分别从水、能源和粮食三个视角刻画区域水-能源-粮食耦合系统在生产、分配、消费和废弃物处理过程中三种资源的共演化关系，明确了本书后续实证研究的研究范围、研究指标；基于此，从供给-消费视角实现三种资源的集成，进一步分析核心关联的作用机制和外围关联的影响机制。

（4）解构黑箱。区域水、能源和粮食子系统驱动要素相互影响评价。借助联立方程模型，构建中国区域水-能源-粮食耦合系统方程组，采用方程组的形式展现区域水-能源-粮食耦合系统结构，包括单一系统要素、耦合系统要素。通过数据拟合，对单个方程中各要素间的相互作用强度和作用方向进行分析，识别出核心作用变量，同时对方程间要素相互作用及方程组均衡状态展开进一步探讨。

（5）重构黑箱。区域水-能源-粮食耦合系统协同度测度。借助数据包络分析（DEA）对区域水-能源-粮食耦合系统的协同度进行评价，并进一步运用三阶段DEA模型测算耦合系统"真实"协同度，即剔除外围驱动要素影响后的核心关联协同度，并在此基础上归纳总结、对比分析我国不同地区水-能源-粮食耦合系统的协同发展路径，包括按社会-经济-环境大系统划分的各地区（比如东、中、西）和按水-能源-粮食资源禀赋划分的各地区（比如粮食主产区、主销区和产销平衡区）。

（6）调控黑箱。区域水-能源-粮食耦合系统协同发展对策与建议。基于"真实"协同度的测算结果，本部分一方面确立水-能源-粮食协同发展的目标、梳理政府调控工具；另一方面借助"散点图＋趋势线"演变图谱，识别外围驱动要素与协同度的影响路径，展开决策拐点分析，以刻画外围驱动要素对耦合系统整体的影响规律。

（7）结论与展望。对实证研究中发现的特征与规律进行归纳、总结与思考。最后对本书主要研究结果及论证过程中的相关问题进行梳理，并提出未来研究工作的方向与重点。

第1章 绪 论

本书研究技术路线，如图 1-5 所示。

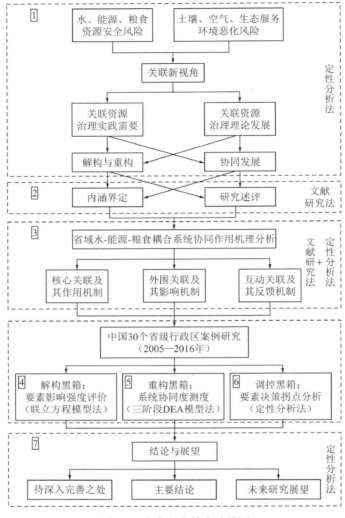

图 1-5　本书研究技术路线图

1.5　本书的创新之处

本书聚焦区域尺度的水－能源－粮食耦合系统，构建了区域水－能源－粮食耦合系统的立体式解释框架、定量分析了水－能源－粮食耦合系统结构、改进了现有"黑箱"视角的协同度测度方法。具体而言，创新之处包括以下三点：

（1）构建了水－能源－粮食耦合系统的立体式解释框架。本书以"人类活动－自然环境"耦合为背景，从核心关联、外围关联和互动关联三个层次界定区域水－能源－粮食耦合系统，梳理水－能源－粮食间复杂关联关系，并从关联集合视角展开系统性论述。其中，核心关联是指水-能源-粮食在生产、消费和废弃物处理过程中的矛盾与冲突，比如能源开采会破坏地下水系统，进而影响水资源供给；外围关联是指外围要素驱动核心关联变化的影响关系，比如气候变化降低水-能源-粮食资源供给韧性，增加供需不匹配风险；互动关联是指水-能源-粮食耦合系统与区域社会-经济-环境大系统间的相互适应关系，即两个系统间的演变规律。此框架包含了自然科学维度的核心关联和外围关联，又包含社会科学维度的互动关联，其意义不仅从关联视角对纷繁复杂的关联关系进行了分类和界定，还明确了水-能源-粮食耦合系统的研究背景，有助于加深水-能源-粮食耦合系统的理解，为后续区域尺度水-能源-粮食耦合系统的研究奠定基础。

（2）运用联立方程组定量分析了水-能源-粮食耦合系统结构。水-能源-粮食耦合系统结构的复杂性是量化水-能源-粮食关联关系的核心障碍，尤其在耦合系统的多中心网络结构中，因耦合系统风险来源不同、系统要素间关联强度不一致，导致水-能源-粮食的地位不平等，增加了耦合系统量化的难度。本书聚焦于核心关联和外围关联，根据耦合系统解构结果，建立子系统结构方程及耦合系统联立方程组，通过历史数据拟合，测度耦合系统内部各要素间相互作用强度，定量刻画水-能源-粮食耦合系统结构，定量识别水-能源-粮食子系统序参量的核心影响要素。定量化分析不仅是对现有因果回路图、层级结构图在耦合系统结构刻画方面的有效补充及进一步深化，更是水-能源-粮食耦合系统量化的前提。

（3）改进了"黑箱"视角的协同度测度。现有"黑箱"视角的评价将耦合系统视为"黑箱"，多基于耦合系统的核心-外围关联开展评价，无法有效反映各个决策单元的"真实"协同度水平，即只评价核心关联协同度，难以体现资源综合治理能力。本研究运用三阶段DEA方法，在第二阶段剔除外围关联驱动要素（二产占比、城镇化率、污水处理能力）和随机误差的影响，测算了核心关联的"真实"协同度水平，是对现有"黑箱"视角协同度评价方法的改进。研究结果可表征耦合系统的真实管理水平，还可探究外部环境要素和随机误差干扰项对各决策单元的影响，助力耦合系统调控。

1.6 本章小节

本章首先基于水、能源和粮食安全风险的分析及发展趋势判断，明确了研究对象、目的和意义。其次，基于研究现状的把握、理论与实践发展的需要，选定本研究的内容体系。最后，阐述本研究的思路、方法和技术路线，以及三大创新之处。

第 2 章

区域水–能源–粮食耦合系统及其协同发展的内涵界定与研究述评

深刻认识和系统阐释本研究所涉及的核心概念内涵与特征，可为后续研究对象界定及实证研究的开展奠定基础。本研究议题包括三大核心概念，"区域"所指代的研究尺度、"关联视角"所指代的水－能源－粮食关联、"系统视角"所指代的水－能源－粮食协同发展。为此，本章重点对水－能源－粮食关联和水－能源－粮食协同发展概念进行梳理、分析和述评；区域尺度的概念界定则借鉴已有研究成果，立足中国治理实践，侧重内涵阐释、对比分析和实践总结。

2.1　区域尺度

2.1.1　区域尺度内涵界定与辨析

研究尺度是指研究对象的时间和空间范围，包括时间和空间两个维度。区域尺度特指研究对象的分布空间，仅包括空间界限，不包含时间界限。当前，国内区域尺度的研究仍以行政地域为主，包括北京市（李桂君等，2016a；HUANG et al., 2023b），江苏省（邓鹏等，2017；方隽敏等，2024），鄂尔多斯市和全国 30 个省级行政区（白景锋和张海军，2018），缺乏城市市区的研究。近年来，功能地域的研究开始受到重视，学术论文和立项项目（表 1-2）中以黄河流域、长江经济带、京津冀城市群等功能地域的水－能源－粮食耦合系统研究逐步增多，但是，现有功能地域的研究呈现的只是不同行政单元的集聚，其最底层单元仍为省域，甚至部分黄河流域的研究中将内蒙古自治区（蒙东地区隶属东北诸河流域）和四川省（部分地区属于长江流域）全域纳入研究范围；且各个省级行政单元间的水－能源－粮食关联关系并不是研究重点，比如内蒙古地区的能源生产与北京市能源消费的关系，河北省粮食生产与北京市粮食消费的关系等。区域尺度的研究进展与不足不仅是因为国内水－能源－粮食耦合系统的研究仍处于快速发展阶段，省域尺度的研究和跨区域关联的思考仍待突破，更是因为受制于数据可获取性，比如粮食产量和水资源消费总量在现有公开数据库（统计公报和统计年鉴）中，只提供省级行政区的数据。

实践中，区域尺度包括自然属性（比如，资源流动性）的流域和社会属性（比如，资源可用性）的省域（李桂君等，2016b）。与流域、城市群等功能地域相比，省域更强调水、能源和粮食安全责任的层层落实，是推动水－能源－粮食耦合系统研究成果走向资源治理实践的重要空间载体。我国实行"中央统筹、省负总责、市县抓落实"的三级决策支持体系，在省域空间内，建立了水资源治理河湖长制、能源安全省际合作机制和粮食安全省长负责制等资源治理体系。现有资源治理实践均表明省域是独立的水资源、能源和粮食管理单元，省级政府是确保属地水资源、能源和粮食安全的责任主体，省级政府主导的跨部门、跨地区、跨尺度协同治理是中国方案的核心要义。为此，本研究的区域尺度聚焦于省域，即以省级行政区划确定水-能源-粮食耦合系统边界。

与区域尺度有交叉的研究尺度为地区尺度（Local Scale），虽然两者都可以指代省域、城市等行政边界，但是区域尺度还可以包括跨国流域的研究（比如，湄公河流域），地区尺度也可以包括村庄社区的研究（比如，美国阿拉斯加农村社区，HUNTINGTON et al., 2021）。国外区域尺度下水-能源-粮食耦合系统的研究较为丰富，根据地域范围可分为五个层面。一是，跨越国界的水-能源-粮食耦合系统研究，此类研究立足于共同体的理念，各主体之间不仅存在紧密的社会经济、资源环境联系，更重要的是各主体存在共同安全的需求，包括特定功能的地域，比如湄公河流域和资源环境恶化的地域，比如最缺水的中东和北非地区（HOFF et al., 2019）。二是，行政地域内的水-能源-粮食耦合系统研究，包括行政地域内的所有资源需求方（比如，家庭、农业、工业、商业、旅游者等），并通过供应链来识别不同要素间的关联作用强度（RAMASWAMI et al., 2017；IRABIEN & DARTON，2016）。三是，城市市区地域的水-能源-粮食耦合系统研究，此类地域不仅消耗了大量的资源，还产生了大量的废弃物，在应对气候变化中显得更为脆弱，其研究聚焦于水-能源-粮食的消耗和城市资源治理，尤其是资源综合治理政策的制定和城市基础设施网络的治理（ARTIOLI et al., 2017）。四是，功能地域的水-能源-粮食耦合系统研究（BIEBER et al., 2018），功能地域或大都市区一般是指以一日为周期的城市工作、居住、教育、医疗、商业、娱乐等功能所涉及的范围，它以建成区为核心，包括与建成区存在密切社会经济联系且有一体化倾向的城市外围地域（周一星和史育龙，1995）。SHERWOOD et al.（2017）以美国382个大都市统计区为样本，运用环境投入产出全生命周期模型评价了大都市统计区内部水-能源-粮食消费与经济产出-温室气体排放的关系。五是，小尺度行政单元（比如小城镇）的水-能源-粮食耦合系统研究，作为城市内部具有行政权力的最小单元，现有研究希望借助最小行政单元的分析和测算，通过集成的方式，实现对市区地域和行政地域的测算。比如，GONDHALEKAR 和 RAMSAUER（2017）通过测算慕尼黑市马克斯沃斯特区热岛效应和洪水效应对该地区水-能源-粮食供给的影响，认为通过综合型城市规划方案可有效弱化两种效应的影响，并提升该地区水-能源-粮食的产量。此外，部分区域尺度的模型设计并未将模型的适用范围界定于以上五种，而是采取动态边界的形式，即模型适用范围取决于决策者的意图以及决策者对耦合系统在当地可执行性的认知（LEUNG PAH HANG et al., 2016），可简单理解为取决于决策者所处的行政级别。

对区域尺度内涵的深入理解还需基于研究尺度在水-能源-粮食耦合系统研究中所发挥的作用。一方面，同一议题的尺度差异可导致不一致，甚至相左的研究结论（张娜，2006），因为不同尺度下系统的影响因素不一样，同时系统序参量的相对重要性和作用方式也随着研究尺度的变化而变化（张彤和蔡永立，2004）。尺度议题是生态学研究的核心议题之一，很早就引起广泛关注（张娜，2006）；而在水−能源−粮食耦合系统研究中，尽管耦合系统存在多个尺度间的相互作用，所面临的尺度差异性对实施路径的影响已被阐释（IRABIEN & DARTON，2016；PAHL−WOSTL，2019；LIU et al., 2018；HUNTINGTON et al., 2021），并且现有工具和方法的适用尺度已被归纳总结（ALBRECHT et al., 2018），但是尺度问题在现有研究中仍未受到广泛重视。目前，水−能源−粮食耦合系统的研究仍聚集于单一尺度的研究，且以空间尺度为主，忽视了时间尺度的重要性，多尺度和尺度间的集成研究仍不足，这与水−能源−粮食耦合系统研究仍处于快速发展阶段的现状相适应。另一方面，研究尺度的选择通过界定资源的需求量（人口、土地面积）和可用量，界定了耦合系统边界。实践中水−能源−粮食耦合系统边界的模糊性已经逐步形成共识（ZHANG et al., 2018），合理界定耦合系统边界的工具和方法依旧缺乏，现有研究中，耦合系统边界界定主要从研究问题出发，立足所选取的研究尺度，并考虑研究数据的可获取性，比如，国家尺度的系统边界为国界，流域尺度为流域空间。

2.1.2　区域可持续发展内涵与特征

1987 年，联合国环境与发展委员会在《我们共同的未来》一书中提出了可持续发展的概念，重点强调了共同应对社会经济发展和环境恶化的需要（BRUNDTLAND，1987）。随后，在 1992 年巴西里约热内卢的联合国环境与发展大会上，以《里约宣言》的形式将可持续发展确立为全人类共同追求的目标。自此，世界范围内关于可持续发展内涵的讨论层出不穷，学者们从地理、环境、经济、生态、规划等学科视角提出了相应的定义。其中，挪威前首相布伦特兰（Gro Harlem Brundtland）夫人从系统整体（地球和全人类）角度提出的可持续发展概念获得了理论界和实践界的广泛认可。她认为：可持续发展是指既能满足当代人的需要，又不对后代人满足其发展需要的能力构成损害的发展（BRUNDTLAND，1987），强调资源、环境、生态和社会的全方位协调发展，以及代内和代际间的公平合理分配（曾珍香和顾培亮，2000）。然而，在当前的全球发展议程中，比如，联合国可持续发展目标[①]和新城市议程[②]，作为人类主要活动场所的城市地域已然成为亟须实现可持续发展的核心区域（SCHLÖR et al., 2018），城市可持续发展是实现全球、区域、国家和地区可持续

[①] 联合国可持续发展目标（United Nations Sustainable Development Goals，UNSDGs）是在联合国千年发展目标到期后，于 2015 年在纽约联合国可持续发展峰会上正式通过的 17 个可持续发展目标，用于指导 2015—2030 年全球发展工作。不仅囊括了水（SDG 6）−能源（SDG 7）−粮食（SDG 2）的发展目标，还提出了可持续城市和社区的目标（SDG 11），即建设包容、安全、有风险抵御能力和可持续的城市及人类住区。资料来源：https://www.un.org/sustainabledevelopment/zh/sustainable-development-goals/（访问时间：2018 年 12 月 1 日）。

[②] 新城市议程（New Urban Agenda）于 2016 年第三次联合国住房和可持续发展大会（人居Ⅲ）上正式通过，是联合国指导世界各国未来 20 年住房和城市可持续发展的纲领性文件，强调了"所有人的城市"这一基本理念，以建设包容和安全的城市。制度与法律、良好的城市规划设计、可持续的财政支持是城镇化可持续的基础。资料来源：*Quito Declaration on Sustainable Cities and Human Settlements for All*。

发展的关键。

尽管可持续发展思想在区域尺度下的应用呈现不同的表述方式，比如可持续城市、生态城市、海绵城市、低碳城市、气候适应型城市等，但是差异化表述方式中蕴含着相同的实现路径，即城市向可持续发展演进的路径（张俊军等，1999），以及相同的研究视角，即复杂适应性系统的视角（WOLFRAM et al.，2016）。因此，区域可持续发展可被界定为区域社会－经济－环境大系统的一个发展过程，在这个过程中，资源和福利的分配需要实现代际和代内公平，经济社会的发展需要与城市人口、经济和环境相协调（徐邓耀和李健，1998；张俊军等，1999；宋旭光，2002；张旭，2004），以实现包容、安全、有抵御灾害能力和可持续的目标（SDG 11）。从复杂适应系统的视角，一个区域要实现可持续发展需要基于当地发展现状，包括基础设施和交通运输系统、资源安全和居民健康状况、气候变化影响等（RAMASWAMI et al.，2016；HERRICK，2016），优先确保地区安全有序运转，在此基础上，既要增强应对突发事件的社会－经济－环境系统韧性，也要提高地区资源利用效率，还要确保本地公民的广泛参与（MCCORMICK et al.，2013；KRELLENBERG et al.，2016）。2016 年，中国选取了太原、桂林和深圳三个城市作为试点，分别以资源型城市转型升级、景观资源可持续利用、创新引领超大型城市可持续发展为主题创建国家可持续发展议程创新示范区，体现了可持续发展地区性、背景性特征，为落实 2030 年可持续发展议程提供中国方案①。

因此，区域可持续发展的特征包含了三个方面，即社会－经济－环境系统韧性强、地区资源效率高、本地公民参与度广。首先，区域系统包含行政地域范围内跨时空尺度的所有社会－生态和社会－技术网络，故地区系统韧性（Resilience）包括三个方面能力：在面对外部冲击时维持或快速恢复的能力、适应变化的能力、系统快速转型的能力（MEEROW et al.，2016）。需要注意的是，此时的外部冲击是指超越事先预案、工程设计承受能力范围之外的，具有意外性质的，各种急性－慢性、社会性－物理性突发事件的集合。实践中，提升局部地区韧性可能会降低其他尺度（区域）的韧性，但是提升区域系统韧性将有助于增强本地城市适应未来城镇化和气候变化危机的能力。2017 年，我国在全国范围内综合考虑气候类型、地域特征、发展阶段和工作基础，选取了 28 个地区作为气候适应型城市试点，以增强城市适应气候变化、确保地区可持续发展（发改气候〔2017〕343 号②）。其次，提高资源效率包括供给和消费两个方面，供给端效率是指在满足城市消费终端资源多元化需求的前提下，通过行政区域范围内的经济社会制度安排、基础设施更新改造，实现城市资源的高效率调配，减少资源在供给端的损耗；消费端倡导一种集约、公正、可持续的消费模式（ANGELIDOU，2015；MCORMICK et al.，2016），以减少废弃物的产生量、降低温室气体排放量。中国政府共开展了三次（2010 年、2012 年、2017 年）低碳城市建设试

---

① 《国务院关于印发中国落实 2030 年可持续发展议程创新示范区建设方案的通知》（国发〔2016〕69 号），2016 年 12 月 13 日。

② 《国家发展改革委 住房城乡建设部关于印发气候适应型城市建设试点工作的通知》（发改气候〔2017〕343 号），2017 年 2 月 21 日。

点工作，以推动低碳绿色发展，确保我国实现控制温室气体排放行动目标，截至 2017 年，全国共 82 个地区被列为低碳城市试点[1]~[3]。最后，在国内外低碳城市和韧性城市的建设实践中，尽管政府意愿（比如中国城市试点工作）和技术路径（比如共享单车）已成熟，依旧难以在日常生活中全面执行可持续建设，原因在于目前的建设模式是自上而下推动型或资本技术推动型，本地居民缺乏参与感且居民可持续发展意识也有待提升（SPÄTH & ROHRACHER，2011）。因此，需要采取包容性、以人为本的模式，广泛鼓励本地居民积极参与（比如城市生活实验室和利益相关者平台），通过明确阐释低碳和韧性城市建设可能给其生活条件带来的影响，逐步提升本地居民意识和认同感（KRELLENBERG et al.，2016；KEYSON et al.，2017）。近年来，我国城市更新实践逐步形成了"政府主导、市场运作、市民参与"的城市更新可持续模式［比如，《住房城乡建设部关于扎实有序推进城市更新工作的通知》（建科〔2023〕30 号）］，该模式将市民作为重要的参与主体纳入城市更新多主体参与机制中，是提升市民获得感和幸福感的重要途径。当前，市民参与贯穿城市更新全过程，无论是在城市体检过程中，借助居民大会收集群众身边的急难愁盼问题，建立问题清单，并将问题清单作为城市更新的重点，还是城市更新方案的确立，是否更新、如何更新、更新成什么样，均需广泛征求社区居民的意见和建议，抑或是更新后的维护与运营，均强调共建共治共享。

2.2　水-能源-粮食关联的内涵界定及研究热点

2.2.1　水-能源-粮食关联概念评析

"关联（Nexus）"一词最早于 17 世纪中期由拉丁文的动词"捆绑或合在一起（Nectere）"演化而来。《新牛津·英汉双解大辞典》（外研社，2007，第 1433 页）对 Nexus 的解释为：①连接、联系、关系（A Connection or Series of Connections Linking Two or More Things）；②一连串关系（A Connected Group or Series）；③中心、交叉点、汇聚中心（The Central and Most Important Point or Place）。由此可见，Nexus 所代表的关联关系不仅指节点之间存在联结，还意味着此类联结是关键的、具有中心地位的关系。在学术界，Nexus 一词很早就在心理学、细胞生物学、经济学等领域被广泛应用于处理不同个体间的联系（SCOTT et al.，2015）；在自然资源领域，尽管资源间的关联被认为已有几十年的历史（KESKINEN & VARIS，2016），但是直到 1983 年联合国大学发起能源-粮食关联项目（SACHS & SILK，1990），Nexus 才被正式应用于自然资源领域（LIU et al.，2018）。随后，Nexus 被广泛应用

---

[1]《国家发展改革委关于开展低碳省区和低碳城市试点工作的通知》（发改气候〔2010〕1587 号），2010 年 7 月 19 日。
[2]《国家发展改革委关于开展第二批低碳省区和低碳城市试点工作的通知》（发改气候〔2012〕3760 号），2012 年 11 月 26 日。
[3]《国家发展改革委关于开展第三批国家低碳城市试点工作的通知》（发改气候〔2017〕66 号），2017 年 1 月 7 日。

于两种资源的关联研究中,尤其是水−能源关联(GLEICK,1994),直到2011年水−能源−粮食关联才被正式提出。

尽管水−能源−粮食关联(Water-energy-food Nexus)的重要性在学术界和实业界均已经达成共识,但是水−能源−粮食关联目前并不存在一个统一的定义(KESKINEN & VARIS;2016;OWEN et al., 2018)。学者们基于不同尺度、从不同角度提出自己的见解,HOFF(2011)最早从系统视角界定水−能源−粮食关联,即关联的目的在于共同提升水−能源−粮食三者效率、减少冲突、增进协同并增强跨部门治理以实现水、能源和粮食共同安全[①]。Hoff的定义对资源关联的治理和实践极具指导性意义,但由于缺乏理论上的界定,导致现有资源关联的阐释呈现理论与实践相脱节的现象(DAI et al., 2018)。

在理论上偏重关联关系的阐释和分类,将水−能源−粮食关联理解为水、能源和粮食三者间相互促进、相互制约的依赖关系,并通过模型和工具设计对关联关系进行模拟、测算和分析(ALLOUCHE et al., 2015)。实践中则聚焦关联路径(Nexus Approach)的阐释,强调通过关联关系的治理实现资源安全、效率提升(FAO,2014;CAIRNS & KRZYWOSZYNSKA,2016;LIU et al., 2018),即摒弃传统单一部门的资源管理模式,希望通过全局性和综合性路径,将社会、经济、生态环境等要素内部化,捋顺资源间的冲突和制约关系,提升资源效率并解决资源困境(FAO,2014;ALBRECHT et al., 2018)。缺乏统一定义的现状虽然不利于指导关联资源治理实践,比如关联研究的典型框架尚未形成(DAI et al., 2018),但却有助于将其他学科的思想和方法纳入关联研究中,比如环境科学、环境工程、可持续发展科学与技术、水资源、能源、城市工程学、城市研究等(刘倩等,2018)。多学科思想和方法的融合意味着水−能源−粮食关联的研究需要从单一学科转向多学科、交叉学科、跨学科、融合学科(ZHUANG et al., 2021)。综上可知,水−能源−粮食关联是以水−能源−粮食耦合系统中相互促进、相互制约的依赖关系为研究对象,以减少三者间的冲突、提高资源效率、增进三者间的协同、加强系统韧性、纳入利益相关者、实现共同治理为目标,通过定性和定量方法对耦合系统及内部关联关系进行阐释、评价、分析和情景模拟,为解决资源困境、加强跨部门治理提供有效应对方案。

因此,从单一视角对水−能源−粮食关联进行界定是不科学的(KESKINEN & VARIS,2016),本研究认为水−能源−粮食关联的丰富内涵应包括两个维度:①自然科学维度,回答"是什么"和"为什么"两大基本问题;聚焦三种资源间的复杂关联关系、强调外部驱动要素(社会经济、生态环境、气候变化)对三种资源施加的影响关系;②社会科学维度,通过关联行动方案回答"做什么"和"怎么做"两大问题,聚焦资源治理行动、资源可获得性和公平性,关注水−能源−粮食关联与区域社会−经济−生态大系统的关系,通过顶层设计、工具开发实现复杂关系有效治理。实践中,自然科学维度和社会科学维度的交集存在于外部驱动要素中,比如城镇化、工业化、人口增长等社会经济驱动要素,对三种资源施加的影响

---

① 摘自 Hoff(2011):"Enhance water, energy and food security by increasing efficiency, reducing trade-offs, building synergies and improving governance across sectors."

关系属于自然科学维度，针对驱动要素的关联行动方案则属于社会科学维度。

2.2.2　水−能源−粮食关联的两大核心特征

由于水、能源和粮食三大子系统在一定时间和空间范围内，存在着大量的物质、能量和信息交换，通过相互间的耦合作用推动着三者的演化，并由此构成水−能源−粮食复合系统。在系统循环和耦合作用过程中，与分布不均匀且需求多样化的社会−经济−生态要素存在紧密的相互作用，决定了水−能源−粮食耦合系统是一个开放的复杂系统。因此，从结构和关系两个角度分析水−能源−粮食耦合系统的独特性特征，对加深水−能源−粮食关联的理解、正确处理水−能源−粮食与社会−经济−生态间的矛盾、实现区域可持续发展具有重要意义。

1. 结构的多中心性

对水、能源和粮食间关联关系的关注由来已久，在实践中，系统视角对处理资源间关联关系的重要性也已获认可，比如，在综合水资源治理模式（IWRM）中，为实现水资源的有效治理，水资源与经济社会的关系即被纳入行动方案中（GWP，2000）。IWRM 作为以水资源系统为中心的集成模式，强调水资源子系统的重要性，即"强势"子系统，目的是确保"强势"子系统的安全，关联子系统（比如，经济子系统、社会子系统）只作为有机组成部分被纳入集成模式中，构成"弱势"子系统。然而，受角色和定位的影响，"弱势"子系统在行动方案中始终处于被支配地位，需配合"强势"子系统的行动方案。这与当前基于单一部门的自然资源治理现状相一致，与自然资源治理需要部门间的平等地位相矛盾，故实践中来源于"强势"子系统的行动方案往往无法获得"弱势"子系统的强力支持而遭遇方案执行困境。比如，在 IWRM 实践中，来自水资源的行动方案在能源和粮食领域往往无法获得有效执行，并难以应对未来气候变化及日渐增长的人口和经济规模（MULLER，2015）。因此，需要一个"涅槃概念"（MOLLE，2008），即 Nexus，去展示结构化的水−能源−粮食关联，以更好应对未来挑战。

与单中心的集成模式不同（图 2-1 左），Nexus 是多中心的结构模式（李桂君等，2016a），如图 2-1（右）所示。

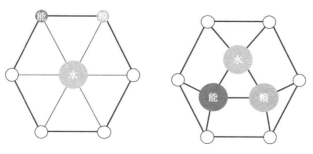

图 2-1　单中心与多中心示意图（李桂君等，2016b）

多中心结构模式，一方面，强调核心资源（水、能源、粮食）之间的平等地位，关注核心资源之间的互动关系，而不是向"强势"子系统的单方向集成关系，关键在于水、能源和粮食的协同变化；另一方面，聚焦三种核心资源的共同安全，关注核心资源之间的相互依赖性，实现资源困境的解决而不是在子系统间转移。尽管多中心结构模式获得实业界的广泛认可（WORCD ECONOMIC FORUM, 2011；ALBRECHT et al., 2018），但是要实现多中心结构模式的落地仍需依赖于新的方法和工具（DAI et al., 2018）。原因不仅在于此模式给当前资源治理理念和行动方案选择所带来的变化，比如在水资源规划中同等考虑能源和粮食的发展诉求；还在于此模式与当前基于单一部门的资源治理模式相矛盾，需要新的制度安排来保障共同治理的实现，比如设置联席会议制度等关联部门集成程序而不是成立新的组织（MÜLLER et al., 2015）。

2. 关系的复杂性：促进、制约、反馈

现有文献（比如，LI et al., 2019a）已经表明，水、能源和粮食之间存在大量复杂的相互作用关系，且受到人口增加、经济发展、气候变化的影响。基于单中心结构和多中心结构的对比可知，不同于单中心结构中"弱势→强势"的单向影响关系，多中心结构的复杂性还表现在两种资源间的相互促进、相互制约关系（姜珊，2017），以及三种资源间的互反馈关系。此外，随着经济社会的发展和居民环保意识的增强，经济社会发展与生态环境保护之间的矛盾，给核心资源的供需总量、结构和方式带来巨大压力，亟须理顺核心资源间的复杂关联关系，促进三者间的协同发展，以实现资源的合理配置，提升资源效率。因此，本部分先介绍两种资源间的依赖关系，即相互促进（正向）和相互制约（负向）关系，再过渡到三种资源间的反馈关系。

（1）相互促进关系

水、能源和粮食间的正向依赖关系表现为资源间的相互促进、互为保障。首先，水-能源的相互促进关系。一方面，水资源保障能源生产、促进能源发展。具体而言，在蒸汽机原理中，蒸汽（水资源）作为媒介将煤炭、木材、石油等热能转化为机械功，是人类社会由手工劳动向机器生产转变的基础，促进了大规模的煤炭开采和消耗；作为媒介，通过水力发电可将水资源的重力势能转化为电能，中国北方城市的冬季供暖亦以水资源为媒介将煤炭和天然气燃烧所产生的热能运输并转化为可供建筑物内部使用的热能。现有研究（比如，CHANG et al., 2016；GLEICK, 1994）已经表明，化石能源的生产均需以水资源为支撑，比如，煤炭开采、洗选和转化利用均需消耗大量水资源，尤其在火力发电与核电机组中水资源的降温作用是制约发电效率的重要因素之一。因此，采煤、煤化工、火电等大部分能源行业被定义为高水耗行业。

另一方面，能源可促进水资源的自然循环和社会循环，还可促进新水源的开发。在水资源的自然循环中，来自自然界的能量（太阳辐射能、重力势能、毛细作用能）推动着水资源在自然界的运移和转化，并伴随着水资源在气态、液态和固态间的转化，形成了自然水循环，即"海水→蒸发→水汽输送→降雨→地表水与地下水→海水"（姜珊，2017）。在社会水循环中，水资源经历了"自然 1→社会→自然 2"的流动，无论是从"自然 1"的抽取和净化，在"社会"中的运输、存储、分配和消费，还是向"自然 2"排放之前的污水处理，均需以能源为支撑，比如，在城市自来水供给和污水处理中电力消耗成本始终主导着供水成本（WAKEEL et al., 2016；HUANG et al., 2023c）。新水源的开采，包括非常规水源（海水、矿井水、苦咸地下水）和跨流域水源，均需要大量能源作为支撑，相当于用能源换取水资源。根据美国电力研究所（EPRI）测算，美国 100 万 L 微咸水或海水的平均处理电耗为 4400kWh，高于标准水处理技术的电耗达 10 倍之多（EPRI, 2000）。自然资源部《2022年全国海水利用报告》显示，截至 2022 年，我国现有海水淡化工程 150 个，主要应用反渗透技术进行海水淡化，需要消耗大量的电力或其他形式的能源来维持反渗透所需要的高水压。海水淡化水主要用作工业用水和生活用水，其中工业用水主要为石化、钢铁、电力等高耗能、高耗水行业提供高品质用水。典型的跨流域调水包括中国南水北调工程和美国加州北水南调工程。其中，中国南水北调东线工程创造了由 51 个泵站组成的世界上规模最大的泵站群，以及 426 个污水处理厂对东线工程的输水水源进行处理（姜珊，2017），泵站和污水处理厂均需消耗电力资源对水资源进行处理。

其次，能源 - 粮食的相互促进关系。一方面，能源可以保障粮食的生产、运输、存储和消费。在生产上表现为，太阳能作为自然能源是动植物生长的初始能量，化肥、农药和饲料等人工能源的使用提高了粮食产量，高能耗的机械化播种与收割过程提高了粮食的生产效率。人工能源的直接体现形式还包括作物的温室种植和动物的集中饲养，通过人工模拟自然能源的形式实现动植物的持续生长，保障了粮食的供给。在粮食消费上，火（能源）的使用为人类社会提供了熟食，极大地促进了人类社会的发展。另一方面，粮食和农业废弃物可以转化为生物乙醇和甲烷等清洁能源，增加能源供给。玉米、小麦等粮食作物和秸秆、木薯、甘薯、甜高粱、黄连木、麻风树等非粮能源作物可用于生产燃料乙醇和生物柴油等生物质能源。目前，美国已经成为世界上最大的燃料乙醇生产国（2022 年产量为 154 亿加仑），占比超过全球总产量的 50%（RFA, 2024），欧盟是全球第一大生物柴油消费市场，中国是生物柴油的主要生产和出口国之一。作为农业大国，农业废弃物（秸秆和畜禽粪便）在我国农村地区已被广泛应用于沼气的生产，尤其是随着秸秆沼气技术的应用与推广，打破原有农村沼气建设的畜禽饲养依赖性，实现能源回收、物质循环和环境保护，我国农村地区沼气池产气总量如图 2-2 所示。

最后，粮食 - 水的相互促进关系。一方面，粮食作为虚拟水，通过粮食贸易，可减缓本地水资源压力，促进不同时空水资源的再分配。在全球粮食贸易中，水稻贸易的再分配量占全球地下水耗损量的 29%，其后依次为小麦（12%）、棉花（11%）、玉米（4%）和大豆（3%）；中国在全球地下水耗损量的进口额为 9%，以棉花和大豆的进口为主（DALIN et al.,

2017）。另一方面，水资源是农业生产的关键投入要素之一，农业生产消耗了全球约 69% 的可用水[①]。

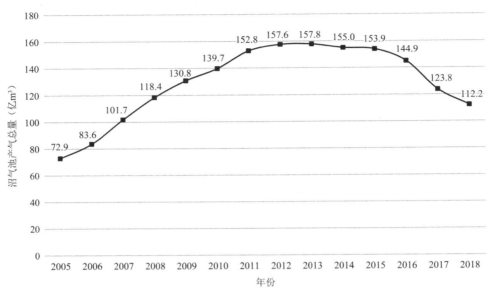

图 2-2　2005—2018 年农村地区沼气池产气总量

（数据来源：《中国农村统计年鉴（2006—2019）》）

（2）相互制约关系

首先，水-能源的制约关系。水资源对能源的制约体现在自然环境层面和社会经济层面。自然环境层面表现为：水资源的时空分配不均衡、气候变化导致水温和水量变化等。比如，占我国煤炭产量 70% 以上的 10 个大型能源基地均分布于水资源供需矛盾突出的黄河、海河和西北诸河流域（姜珊，2017）；美国政府问责办公室（GAO，2014）报告称，降雨量下降 1% 将导致美国科罗拉多河流域水力发电量下降 3%。在社会经济层面，加强水资源保护的法律法规和规章制度制约着高水耗的能源生产，不仅包括可能对水系造成影响的用水行为限制措施，还通过最严格水资源管理制度在总量和强度上对水资源的开发利用设定了刚性红线指标。比如，黄河流域的能源开采项目需深入开展水资源论证、获取入河排污许可。能源对水资源的制约包括需求量大、污染水环境和破坏水系三个层面。能源的开采、加工、洗涤等过程均需消耗大量水资源，严重压缩了能源基地及其周边区域的农业、生活和环境用水量[②]，比如，大庆油田每生产 1t 原油需注水 2～3t，而传统天然气（4～100m³/GWh）向页岩气开采（8～800m³/GWh）的转变亦增加了水资源的消耗（CHANG et al.，2016）。能源开采，尤其是煤炭的井工开采，将破坏区域地下水系统，改变地下水"补给-径流-排泄"的过程，将地下水转变为不可直接利用的矿井水，造成城市地面塌陷、区

---

① 数据来源：FAO's global water information system。http://www.fao.org/nr/water/aquastat/main/index.st.

② 环境用水量是指人为措施供给的城镇环境用水和部分河湖、湿地补水，不包括降雨、径流自然满足的水量。来源：《中国统计年鉴 2011》。

域湖泊数量减少（TAO et al., 2015）；而露天煤炭的开采则直接永久性破坏地表水和浅层地下水系统，影响区域水资源的使用（娄华君和庄健鸿，2007）。

其次，能源−粮食的制约关系。能源对粮食的制约关系属于间接制约关系，即能源开采与消费分别借助土地和环境制约粮食生产。能源开采对耕地和水资源的占用，尤其是矿井水的生态效应，直接制约着区域粮食生产；由于我国煤矿区水、土地资源的综合利用程度仍然不高，土地原有生产力无法恢复，煤矿区矿井水处理和土地复垦只注重生态环境的恢复（娄华君和庄健鸿，2007）。生物质能源的种植亦通过水和土壤环境间接制约着粮食生产；生物质能源的原料生产不仅需要消耗大量的水资源，还可能引起土地沙漠化和土壤次生盐渍化等环境问题（张宝贵和谢光辉，2014），现有的替代方案是研发新一代生物质能原料，比如藻类、能源草等，以具备抗旱性并能适应非耕地的种植环境。能源消费过程中的间接制约关系包括能源消费的废气排放(酸雨)对未来粮食产量和粮食质量的影响(熊伟，2004)、将粮食转化为生物质能源将提高全球粮食价格（LAL，2009）。

最后，粮食−水的制约关系。粮食对水资源的制约体现为：一是，农业废弃物和餐厨垃圾的随意丢弃对水资源的影响，尤其是垃圾填埋处理过程中的渗透液泄漏会污染地下水资源（郝晓地等，2017）。二是，改变粮食生产中的灌溉方式影响着区域水循环，比如，印度北部村庄长时间、大规模抽取地下水灌溉农田，增加了区域散发量，影响该地区的印度洋季风环流和降雨模式。三是，根据节气和品种调整作物种植结构，比如由水稻调整为小米，可以减少地下水枯竭（CHAKRABORTI et al., 2023）。水资源对粮食的制约体现在水量和水质两个维度。水资源季节性错配严重影响着农作物产量，主要包括北方的春旱对农作物播种的影响、夏季的洪涝灾害对农作物秋收的影响。水环境污染，尤其是工业和生活污水直接排放，造成土壤和地下水的严重污染，直接威胁着灌区的饮用水和食物的安全。采用经过适当处理的污水进行农田灌溉，虽可变废为宝并提高作物产量，但是此中的食品安全一直是污水灌溉进一步发展的瓶颈（CUSIMANO et al., 2015；VILLAMAYOR−TOMAS et al., 2015）。

（3）互相反馈关系

与两种资源只包括相互促进和相互制约关系不同，多中心的网络结构特征需进一步考察三者间的反馈关系，包括正反馈和负反馈。首先，水资源在能源−粮食关联中的反馈关系。水资源通过合理分配可以缓解能源−粮食间的制约关系，同时确保区域水、能源和粮食共同安全，主要涉及水资源在本地区能源生产和粮食生产中的分配冲突和流域上下游间的分配冲突。如果水资源被用于保障能源生产，那么粮食产量将受可用水量（源于生物质能源生产）和用水水质（源于化石能源消费）的影响；如果水资源被大量用于确保粮食安全，那么高耗水的能源行业将缩减产量或转型升级。此外，水利枢纽的修建，虽可扩大清洁能源生产（水力发电）规模、保障上游地区的粮食生产用水，但是实践中的水利枢纽设施，不仅直接降低下游地区的粮食产量和水产数量，还会由于区域间电力需求的时空差异导致水力发电无法获得合理消费（JALILOV et al., 2015）。在水资源总量控制地区开展水权、用水配额交易，以市场方式配置水资源，可有效缓解能源和粮食需水矛盾。比如，高耗水的能源行业通过帮助农民、农业节水，获取农民和农业剩余用水配额，同时满足了能源和粮食生产的用水需求。

其次，能源在水－粮食关联中的反馈关系。能源可减缓水对粮食的制约关系、提升水和粮食间的相互促进关系，同时，粮食对水的制约关系亦可通过生物质能生产进行缓解。正反馈表现为：能源可以保障水资源在农业生产中的合理利用，包括地下水抽取、喷灌、滴灌、可再生水灌溉，进而增强粮食对能源的促进关系。负反馈表现为：一方面，能源产品（农药、化肥、电力等）在粮食生产中的过度使用，虽可提升粮食产量、确保粮食安全，但是却污染本地地表水和地下水资源，甚至导致地下水过度抽取，进而增强经济社会层面"水－能源"间的制约关系；另一方面，化石能源生产，比如地下煤矿的开采，通过破坏地下水系统和永久性损害土地生产力，直接威胁着区域水和粮食安全。

最后是粮食在水－能源关联中的反馈关系。水和能源作为粮食生产的重要投入，粮食贸易可以缓解本地水资源对能源的制约关系，表现为正反馈，即通过粮食贸易，以虚拟水的形式，降低了本地粮食生产的水耗，保障了本地能源需水量，增强了能源对粮食的促进关系。2015 年以来，北京市降低了农业生产的规模和强度，农业用水总量从 2000 年的约 12 亿 m³ 下降并保持在 3 亿 m³ 左右，节约的农业用水转变为生活、生态用水等，缓解地区用水矛盾。另一方面，如果将粮食生产的作物结构转化为包含生物质能源原料，尤其是通过立体农业的形式实现"种植业 + 养殖业 + 加工工业"的集成，有助于增加清洁能源比重、减少化石能源开采，但是部分生物质能源的原料种植，将增加水资源需求，威胁粮食安全。

2.2.3　水－能源－粮食关联的四大研究热点

由于水－能源－粮食关联的结构多中心性和关系复杂性，2011 年以来，大量的研究对属地化的关联关系进行了识别、分类、刻画、量化，并提出相应的应对策略、治理思路。现有研究表明，不同尺度下的关联关系和不同地区或发展背景的关联关系均呈现差异化特征（HUNTINGTON et al., 2021），所以水－能源－粮食关联的研究不仅需要关注特定的研究背景，更需要将尺度化、地区化的经验教训总结提升为可推广的经验。

1. 关联关系识别

自 2011 年以来，关联关系识别一直是水－能源－粮食关联研究的核心议题。这与关联关系的属地化、尺度化特征相一致，因为要开展关联关系的研究，首先应当识别系统边界范围内的关联关系。当前的识别方法以定性分析、案例研究为主，缺乏定量识别方法，主要包括：文献研究法（LAWFORD et al., 2013）、问卷调查法（HUSSIEN et al., 2017）、专家访谈法（LI et al., 2019a）、关联主体座谈法（HALBE et al., 2015）。在进行小尺度范围（城市、家庭）的关联关系识别时，定性研究方法具有极强的适用性，尤其是本地关联主体的参与更有助于识别属地化的关联关系。但是由于实践中关联意识薄弱、跨学科的语言障碍、跨部门的制度障碍等（BAZILIAN et al., 2011），制约着关联关系的识别效率。要识别大尺度范围（国家、区域和全球）的关联关系，尤其是水－能源－粮食关联网络结构中核心关联点和关键关联关系的识别，仍需要借助系统科学、复杂网络等学科的定量研究方法，部分研究运用方程组（比如 HUANG et al., 2020）、投入产出模型（比如 MAI et al., 2023）等方法定量识别复杂关联关系和关键关联节点，比如，MAI et al.（2023）的研究结果表明农业、食品加工业和建筑业是我国水－能源－粮食关联的关键节点部门，但是当前对水－能源－粮食关联中关联点和关键关联关系的识别仍未获得足够重视。

在区域尺度关联关系识别中，实地调查法（专家访谈和座谈会）也仅关注与资源系统直接相关的官员和专家，缺乏系统科学和尺度研究的相关专家。LI et al.（2019a）在识别北京市水－能源－粮食关联关系时，纳入了系统类专家和城市规划专家，与水－能源－粮食关联的系统性视角相一致，不仅有助于获取研究尺度的背景特征，还可将案例经验实现一般化推广。

2. 关联关系分类

由于关联关系的复杂性，科学合理的关联关系分类是加深关联关系的理解、提升关联意识、实现关联关系有效治理的前提。尽管水－能源－粮食关联中存在多重关联而非单一关联的现状已达成共识（DE GRENADE et al., 2016；SMAJGL et al., 2016），但是现有研究中鲜有以关联关系分类为主题的研究，学者们习惯将关联关系分类蕴藏于关联关系阐释中。目前，对关联关系的分类均基于研究问题和研究目的，可归纳为三种类型：按子系统分（LI et al., 2019a；HUANG et al., 2023b）、按资源过程分（SCANLON et al., 2017；GARCIA & YOU, 2016）、按关系来源分（CAI et al., 2018；COVARRUBIAS, 2018）。

（1）按子系统：核心关联、外围关联

在单一资源子系统的研究中，区分系统内部关系和外部要素的影响关系是重要研究内容（李国平和郭江，2013）。HOFF（2011）最早系统阐述了水－能源－粮食关系以及城镇化、人口增长等要素对水－能源－粮食关联的影响。基于此，核心关联是指水、能源和粮食三大子系统之间的关联关系，外围关联是指外围要素（城镇化、工业化、气候变化、人口增长）驱动水－能源－粮食耦合系统变化而产生的关联关系，如图 2-3 所示。此分类方法有助于从全局视野界定水－能源－粮食耦合系统边界，理解系统的整体变化及变化趋势（LI et al., 2016），实现水－能源－粮食关联的优化（彭少明等，2017），但却难以实现系统调控。

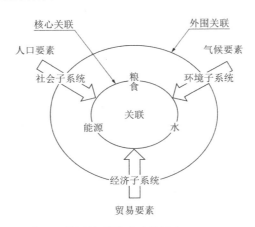

图 2-3　核心–外围关联关系（英译自 LI et al., 2019a）

部分研究对核心关联关系进行了进一步的解构，根据子系统间的关系或关联关系所涉及的子系统进行了分类。比如，ZHANG et al.（2022）基于足迹法，对粤港澳大湾区的水–能源–粮食关联划分为涉水能耗（Water-Related Energy）、涉能水耗（Energy-Related Water）、涉粮水耗（Food-Related Water）、混合水耗（Hybrid Water）等七部分。HUANG et al.（2023）对核心关联进一步分类，划分成了水、能源、粮食、水–能、水–粮、能–粮、水–能–粮七个部分，并运用所建立的分类框架建立指标体系，评价水–能源–粮食耦合系统协同发展状态。

（2）按资源过程：生产、消费、管理

资源过程的划分决定了对水–能源–粮食关联的认知。在实践中，研究视角、研究目的、研究尺度决定了资源过程，并影响着关联关系的阐释（GARCIA & YOU, 2016）。为有效应对资源稀缺性和经济社会发展需求，SCANLON et al.（2017）从资源稀缺性角度出发，将水–能源–粮食过程分为供给、需求、存储和运输，并分别阐释四大过程中的关联关系。按资源过程划分关联关系在水–能源关联中已经获得了广泛应用，斯坦福大学西部水资源研究组（WATER IN THE WEST）全面分析了水–能源的资源过程，一方面，将水资源过程分为抽取、运输、净化与分配、污水处理，并分别测算了每个过程的能耗；另一方面，按照能源种类分别讨论了不同能源类别的能源过程，大致包括：开采/抽取、加工/转化、存储、运输，并阐述了每个过程中可能的水耗及对环境的影响（WATER IN THE WEST, 2013）。以资源过程的形式展现和阐释关联关系有助于识别关联点、风险点，并可基于资源过程确定相应的资源管理部门，有助于实现水–能源–粮食关联的调控。但是，现有资源过程的划分均以确保资源供给安全为首要目标，只展现了供给端的关联关系，忽视了消费端的影响。因为水、能源和粮食的生产均以采取集中生产的方式，而三种资源的消费则较为分散且具有流动性，导致难以统一界定消费端的边界，不易明确消费端的治理主体。

（3）按关系来源：固有关联、投入–产出关联、引致关联

关联关系的来源包括天然的关联和人为的关联，其中，人类活动引起的关联是现有研究的关注焦点。比如，CAI et al.（2018）按关联关系来源将区域尺度中的水–能源–粮食关

联关系分为三类：固有关联、投入−产出关联和引致关联，如图 2-4 所示。固有关联属于天然关联，投入−产出关联和引致关联均属于人为关联。

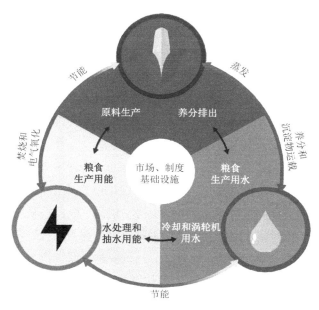

图 2-4　固有关联、投入−产出关联和引致关联示意图（英译自 CAI et al., 2018）

固有关联位于关联关系的最外层，特指水−能源−粮食间天然的物理关联或化学关联，比如，粮食作物生长过程中的蒸腾作用所蕴含的水−粮食关联、氧化作用所蕴含的粮食−能源关联等；投入−产出关联是指水、能源和粮食生产过程中的投入产出关系所产生的关联；引致关联是指因城市中的基础设施、市场行为、政策执行而产生的关联关系。基于此，COVARRUBIAS（2018）从城市视角将三种类别的关联总结为物质关联和信息关联，前者包括了固有关联和投入−产出关联，后者专门阐释水−能源−粮食耦合系统与城市系统之间的关联。此种分类方法可通过区域尺度的物质流和信息流，运用网络化、网格化的形式，梳理、刻画区域尺度水−能源−粮食关联关系，加深对本地关联关系的理解，但是此分类方法的基础是两两间的关联关系，无法有效反映多中心结构的反馈关系。

3. 关联关系刻画

基于水−能源−粮食关联的定义，对关联关系的刻画需要包含自然科学和社会科学两个层面，现有研究中借助概念框架图进行宏观层面的关联关系刻画。HOFF（2011）从资源安全视角最早将水−能源−粮食关联概念化，不仅包括了水、能源和粮食间的关联，还包括耦合系统与生态系统服务、城镇化和全球化的关系，以及水−能源−粮食的安全对减少贫困、实现绿色发展的重要性。与此同时，世界经济论坛（WORLD ECONOMIC FORUM，2011）以促进全球金融机构加大对水−能源−粮食供给的投资为目标，阐释了关联关系、关联关系治理和关联关系适应气候变化的重要性。

作为水－能源－粮食关联研究的开篇之作，HOFF 和世界经济论坛的一般化概念框架图有助于提升水－能源－粮食关联的理解，为后续的理论与实证研究奠定基础。基于此，后续的研究逐步实现了概念框架图的尺度化和具体化，CONWAY et al.（2015），RASUL 和 SHARMA（2016）分别从区域尺度和适应性目的两个层面进行了落实。CONWAY et al.（2015）以非洲南部地区为案例，将影响因素分为直接因素（气候因素）和非直接因素（社会经济因素），并将区域要素（贸易、南部非洲发展共同体、南部非洲发展电力联盟）纳入水－能源－粮食关联的驱动要素。RASUL 和 SHARMA（2016）从气候变化适应的视角，阐释了关联路径对气候变化适应、确保水－能源－粮食安全的关键作用，系统化的适应性政策和适应性路径有助于增强关联路径适应气候变化的效果。

一般化和具体化的概念框架图均有助于从宏观层面理解水－能源－粮食关联的影响因素及作用路径，有助于引起政策制定者、非政府组织（NGO）、金融机构对水－能源－粮食关联的关注。由于缺乏三种资源间关联关系的梳理，水－能源－粮食关联风险的防控在实践中无法与现有资源管理部门相对应。因此，为实现关联风险的有效防控，学者们从不同维度开展了三种资源间关联关系的刻画，包括系统整体、系统要素、系统行为。RASUL 和 SHARMA（2016）基于适应性的概念，借助"三角式"结构图进一步阐释了水－能源－粮食间的相互促进与相互制约关系，作为背景化概念框架图的进一步深化。在系统整体的基础上，STEIN et al.（2014）运用"网状式"结构图的方式，反映耦合系统内部的复杂结构；BIGGS et al.（2015）则通过"矩阵式"结构图，分别展现了两两资源间的系统行为与作用方向。

在展现形式上，三种方式各有优劣，"三角式"和"矩阵式"沿袭了两两关联的思路，可充分展现资源间相互促进、相互制约的关系，"网状式"在展现三者间的反馈关系时更具优势。但是，此三类刻画方式只展现了属地化的水－能源－粮食关联，并未能全面反映出跨尺度、跨区域的关联结构，比如，北京市家庭、产业能耗的变化，对内蒙古地区能源生产的影响。如何识别和刻画跨尺度的水－能源－粮食关联已成为当前和今后完善水－能源－粮食关联研究的突破点和创新点。

区域尺度研究中的关联关系刻画延续了"三角式""网状式""矩阵式"展现方式。RAMASWAMI et al.（2017）运用行政边界内的"三角式"结构图，展现了城市水－能源－粮食资源的供给与消费的路径；MARTINEZ-HERNADEZ et al.（2017）将"网状式"结构图放置于生态－技术背景下，实现本地水－能源－粮食耦合系统行为和关联关系的分类；CAI et al.（2018）以更系统、更结构化的方式归纳了矩阵式中两种资源间的关联关系，是对"矩阵式"结构图的升华。然而，行政区划作为政策出台的主体和政策执行的空间，现有关联关系刻画更注重自然科学层面的阐释，而不是社会层面的落实，缺乏实践视角展现水－能源－粮食关联从概念到行动的实施路径。

4. 关联关系治理

关联关系治理可减缓不同部门间的冲突，提高资源治理政策的连贯性，是提升资源效率、增进资源管理部门协同的有效路径（HOFF，2011；VISSEREN-HAMAKERS，2015）。现有文献已识别出关联关系的治理障碍，包括不同部门的权力不对等、跨部门跨学科的"语言"不通、水 – 能源 – 粮食关联的议题并未上升为最优先级等，实践中依旧缺乏可操作路径，WEITZ et al.（2017）对治理障碍从出现原因、影响因素和提升策略三个层面展开了由因致果的分析，为关联关系治理研究的开展奠定了基础。治理主体、治理方式和经验推广是目前关联关系治理的三大核心议题。

首先，治理主体的确定与水 – 能源 – 粮食耦合系统边界的确定密切相关（WEITZ et al.，2017），由于资源在自然属性和社会属性之间的紧密联系，目前并不存在统一的系统边界。在实践中，治理主体的确定包括自上而下和自下而上两种路径（DARGIN et al.，2019），其中，前者基于资源治理过程的梳理，后者基于关联关系的梳理，从而确定利益相关者的范围，并通过利益相关者对话平台（MOHTAR & DAHER，2016），实现关联资源的共同治理。在我国的治理实践中，可从各部门的权责清单入手，自上而下开展治理主体梳理，也可从政策规划文本、行动方案文本等入手，自下而上确定治理主体及主体间的关联关系。其次，在治理方式上，目前并不存在一个获得广泛认可的关联资源治理模式（DAI et al.，2018），在实践中也未获得官方的一致认可，治理工具的梳理仍有待完成，但是将关联资源治理视为一个动态过程而不是结果已然达成共识（WEITZ et al.，2017）。因此，治理方案的制定与选取需通过信息共享和跨部门集成机制设置，借助多重利益相关者对话平台，而不是成立新的、僵化的关联治理机构（MÜLLER et al.，2015）。但是，不要忘记的是，执行跨部门、跨地区、跨尺度的水 – 能源 – 粮食关联治理，需要应用于具有优先级最高的议题（COOK et al.，2016），而不是一般的议题。最后，由于水 – 能源 – 粮食关联的治理需要聚焦于特定的尺度和特定的案例，治理经验的推广存在着制度和执行困境。但是，基于复杂网络视角和生态系统视角的关联路径设置有助于实现治理经验的推广（PAHL-WOSTL，2019）。GUILLAUME et al.（2015）基于韧性和社会生态系统理论，从两大层面提出了五个有助于实现经验推广的原则，即地方层面的边界确定、共识达成、冲突认知、全球（区域或国家）层面利益相关者参与、数据整合。

2.3　水 – 能源 – 粮食协同发展内涵界定、理论基础及测度方法

2.3.1　水 – 能源 – 粮食协同发展内涵界定

哈肯最早从激光产生的原理发现具有相互作用关系的主体，在外部规则的作用下，呈现共同变化并产生某种稳定结构的现象，进而提出了协同的概念；随后，协同现象在物理学、生物、化学、社会学、管理学、经济学等领域获得了证实（张纪岳和郭治安，1981）。

哈肯认为，协同是一种集体行为，即子系统间的协同形成结构、序参量间的协同构成有序、序参量间的竞争促进发展（郭治安等，1989）。显然，哈肯从自然科学的视角归纳了协同现象并创立了协同学（Synergetics），但是协同的思想早就在经济学和社会学领域被讨论和应用了，故从历史演进视角更有助于理解协同的含义。在经济学领域，伴随着生产力的发展和生产规模的扩大，协同概念的提出大致经历了协作、协调和协同三个阶段（李琳和刘莹，2014；潘开灵，2006）。协作阶段是指生产过程基于分工实现专业化，并通过协作完成产品生产，提高生产效率；由于劳动分工与协作中的矛盾与低效率，仍需通过协调过程实现分工次序的优化、协作矛盾的调节，以进一步提升劳动生产效率，即协调阶段；随着外部竞争、市场需求变化的加快，仅以效率为目标已经无法满足经济生产的需要，此时，不仅需要增强内部各要素间的相互作用，还需要关注生产过程与外部环境的适应性，即协同阶段。因此，协同的内涵包括三个层面：①内部结构的演化，子系统间的关联运动，实现由无序到有序、从低级有序到高级有序的演进，目标是效率提升；②宏观结构的形成，子系统序参量间协同合作并在系统整体上改进旧的宏观结构或产生新的宏观结构，目标是韧性提升；③外部环境的适应，有效应对外部冲击或外部规则改变，目标是韧性提升。

基于协同的内涵，协同发展是指各子系统为完成共同目标而分工协作，实现共同发展，达到共赢的效果。与协调发展不同，协同发展更强调各个子系统之间为了实现共同利益而非个体利益而进行有意识的协调与合作（薄文广和陈飞，2015）。类似于交响乐中，各个器乐组围绕指挥家的节奏和节拍，有条不紊地演奏交响乐曲目。目前，协同发展的理念已被广泛应用于经济系统、城市群和传统中医理论的研究，比如，《京津冀协同发展规划纲要》强调北京、天津和河北三地作为一个整体，以疏解非首都核心功能、解决北京"大城市病"为基本出发点，通过三地协作，实现共同发展，打造世界级城市群。传统中医理论注重阴阳五行（金、木、水、火、土）之间相生相克，人体内阴阳、虚实、寒热的对立统一关系代表各子系统间的关联关系，如果子系统间的关联关系紊乱，表明子系统的独立运动强于子系统间的关联运动，意味着人体将"得病"；此时，需借助药物和治疗方式，逐步调整子系统独立运动和关联运动的关系，实现子系统间的协调有序（李福利，1988）。协同发展具有全局性、竞争性、合作性和动态性四大特征：全局性是指从系统整体视角出发考察宏观结构，而不是聚焦于局部子系统，强调系统整体目标的实现；竞争性关注子系统个体的单独运动，通过专业化分工，实现系统整体的有序分布，并通过子系统间的竞争，促进系统的整体发展；合作性关注子系统间的关联运动，旨在提高系统整体效率和增强系统韧性；动态性是指协同发展是一个实现系统整体目标的动态过程，而不是一个具体目标，在外部驱动因素和内部序参量的作用下，系统完成无序到有序、初级有序到高级有序的演进。

水－能源－粮食耦合系统作为开放式复杂系统，其协同发展是指：基于系统视角平等地将水、能源和粮食放置于多中心复杂网络，作为三大核心子系统，既要关注子系统的个体发展目标，比如清洁饮水和用水（SDG 6）与廉价和清洁能源（SDG 7），还要关注子系统间的相互作用，通过制度设计促进子系统间相互支持、相互配合的关联运动，并促使关联运动作为序参量主导系统演进，实现系统总体目标。本研究认为：水-能源-粮食协同发展包括目标、张力、制度三个方面的协同，并在本书后续研究中运用定量化的技术手段测算、分析和评价区域水-能源-粮食的张力协同与目标协同。其中，张力协同是指三种资源在相互促进和相互制约间的均衡，类似于中医理论中阴阳、虚实、寒热之类的均衡，即子系统间的关联运动占主导地位，表现于要素间的相互影响方向和强度；目标协同是指三大子系统的发展目标应与系统总体目标相一致，既不是放弃子系统目标，也不是用总体目标代替个体目标，而是强调子系统运动方向的一致性，表现于系统协同度的提升；制度协同旨在实现水、能源和粮食的协同治理，既包括三种资源管理制度间的相互协作，确保治理政策的宏观一致性，还包括共同治理过程中子系统集成议程的设置，提升治理议题的优先级。

2.3.2　水-能源-粮食协同发展的三大理论基础

增进水、能源和粮食的跨部门协同已被视为保障水-能源-粮食安全的手段之一（HOFF，2011），现有研究以实证研究为主，缺乏水-能源-粮食关联的理论研究，导致其理论基础不明确。作为一个新兴议题，越来越多跨学科的理论和方法被运用于水-能源-粮食关联研究（ZHUANG et al.，2021），有效构成了水-能源-粮食协同发展的理论基础，包括协同学理论（彭少明等，2017）、过程系统工程理论（GARCIA & YOU，2016）、综合环境治理（WEITZ et al.，2017）等，为不同尺度水-能源-粮食关联研究及协同治理奠定了基础。

1. 协同学理论

协同学由赫尔曼·哈肯（H. Haken）于 1973 年首次提出，在 1977 年出版的《协同学导论》一书中构建了协同学理论的基本框架，并在 1983 出版的《高等协同学》一书中总结了1977 年以来协同学在理论和应用方面的发展，进一步完善了协同学理论框架。协同学的基本原理包括：自组织原理和序参量支配原理。

自组织原理。自组织理论是协同学的核心理论，自组织过程是促使系统从无序走向有序、从低级有序走向高级有序的作用力；如果子系统间的相互配合产生协同效应，并在宏观上呈现特定的功能或结构，即可认为系统处于自组织状态。协同学中的自组织聚焦于系统内部各要素间的相互作用，并认为此类相互作用是系统结构有序化、稳定化的先决条件，而系统内部相互排斥和相互制约的两种倾向是形成自组织的基础。具体而言，当系统面对来自外部环境的冲击时（物质流、信息流），系统会通过调整内部子系统及子系统要素间的关联关系，在整体上呈现"新"的时间、空间和功能结构，以适应此类外部冲击。

序参量支配原理。系统在自组织过程中，位于无序到有序转化临界点附近的各种要素，按其变化的快慢程度，可分为快变量和慢变量两种。快变量在运动过程中受阻力影响较大，在临界点附近衰减为零，而慢变量则随着时间变化出现临界无阻尼现象，此时，慢变量将主宰整个系统的"新"结构和功能，又称为序参量。协同学中用序参量描述和刻画系统内部有序和无序的转化，并用于代表系统的有序度；故当系统处于混沌状态时，各子系统的独立性占主导地位，整体而言序参量的值为零。尽管哈肯在协同学中采用统计物理学的绝热消去法提取系统序参量，即通过消去快变量，求得 Master 方程的解作为系统序参量（沈小峰和郭治安，1983）；但是在实践中，由于资源系统的复杂性，往往无法区分系统要素在临界点的变化快慢，只能按照序参量定义"支配其他参量的行为并控制演化进程"在众多系统要素中进行识别（刘丙军和陈晓宏，2009）。

现有研究中，MARTINEZ-HERNANDEZ et al.（2017）和彭少明等（2017）均基于协同学理论，优化水-能源-粮食耦合系统。其中，MARTINEZ-HERNANDEZ et al.（2017）聚焦于城市尺度水-能源-粮食耦合系统，基于目标协同开发新的软件工具：关联系统（NexSym），以实现城市资源供需均衡、增进各子系统间协同并保护生态系统为目标，在英国生态城的实证研究中表明，协同优化不仅提升本地养分均衡，更增强了碳捕获能力、促进水资源再利用、提升本地能源和粮食系统效率；彭少明等（2017）基于目标和张力协同，为实现我国黄河流域经济社会和谐发展的总目标，在确保水资源合理分配、能源合理布局、粮食合理种植和灌溉的单目标前提下，通过内部结构优化，提出一体化布局方案，实现水资源节约、能源增产、粮食增收。由此可知，协同学原理可有效支撑水-能源-粮食协同发展中的目标协同和张力协同，尤其是其序参量支配原理，通过识别系统序参量，更有助于实现对水-能源-粮食耦合系统的调控。

因此，本研究将基于自组织原理和序参量支配原理识别子系统的序参量，在目标协同上对水-能源-粮食耦合系统状态进行整体评价，在张力协同中测算①水-能源-粮食序参量间的张力和②外部环境变量与水-能源-粮食序参量间的张力，以评价水-能源-粮食耦合系统的协同发展状态。

2. 过程系统工程理论

过程系统工程兴起于 20 世纪 60 年代，经典著作包括：WILLIAMS 于 1961 年发表的"Systems Engineering for the Process Industries"，RUDD 和 WATSON 于 1968 年发表的"Strategy of Process Engineering"，矢木荣和西村肇于 1969 年发表的《化学过程工学》（杨友麒和成思危，2012a）。直到 1981 年在日本京都召开第一届国际过程系统工程学术会议，才标志着该学科正式形成（杨友麒和成思危，2002）。尽管过程系统工程的定义随着其研究范围的扩大而不断演进，但是其研究对象已经从最初的化学供应链扩展至所有供应链，且强调与管理科学的结合。STEPHANOPOULOS 和 REKLAITIS（2011）基于过程系统工程的历史回顾，将过程系统工程研究范围扩展至：①人类疾病处理过程；②能源系统的生产加工、运输与消费过程；③环境质量的改进与提升过程。过程系统工程是基于系统整体目标，处理系统过程中的物料流-能量流-信息流-资金流，根据系统内部各组成部分的个性特征和相互影响关系，通过规划、设计、操作和控制实现过程最优化（杨友麒和成思危，2003），其核心议题为过程模拟、过程优化与集成。

过程模拟。过程模拟包括过程单元模拟和过程系统模拟。其中，过程系统模拟是基于过程系统的结构和过程单元间关联关系分析，通过建立子系统数学模型实现整个系统的模拟；借助数学模型可预测在不同外部冲击中的系统特性和系统行为，以发现系统的薄弱环节并给予改进。有向图和邻接矩阵是描述过程系统的两种常用方式，序贯模块法和联立方程法是模拟过程系统的两种常用方法。序贯模块法已获得成熟的应用和推广，而联立方程法在应对过程系统增大、系统内部因果回路增多、非线性特征增强的过程中获得了较快发展，但是现有的方法和工具呈现理论与实践脱节的趋势（成思危，1992；杨友麒和成思危，2012b）。

过程优化集成。过程集成是过程系统工程的核心内容，是指根据系统结构、整体特性和各子系统性能，按照系统预定目标对系统过程进行最优化组合，包括子系统在大尺度、中尺度和微小尺度领域的集成，比如水-能源-粮食耦合系统在区域尺度-城市尺度-家庭尺度的集成，还包括产品生命周期各个不同阶段的集成，比如水资源子系统中取水-配水-水资源消费-污水处理的集成。集成作为实现系统优化的路径之一，集成的过程伴随着系统的优化，即在集成过程中，通过改善单元间的联结关系，实现系统结构的优化。

过程系统工程在水-能源-粮食关联研究方面的应用逐步增多，主流做法为基于过程系统工程的思想，从系统集成优化的视角，围绕经济目标、环境目标等（PEÑA-TORRES et al.，2024），聚焦供给端和外部不确定性因素（LI et al.，2019b），通过情景分析，模拟优化区域水-能源-粮食关联结构，找到资源合理配置的模式，推动实现核心资源的可持续管理。GARCIA 和 YOU（2016）最早将过程系统工程引入水-能源-粮食关联研究，总结了过程系统工程在水-能源-粮食关联研究中的应用，主要以两种资源的关联为主，比如火力发电厂水耗的优化；分析了水-能源-粮食关联研究的挑战，包括系统边界界定、多尺度集成、利益相关者间目标冲突等；结果表明：过程系统工程的建模和优化有助于推动水-能源-粮食关联的发展。BELMONTE et al.（2017）不仅将生物炭与水-能源-粮食关联进行了联结，还认为过程系统工程从系统视角集成优化生物炭的生产、运送和消费过程，可减少水和化肥投入，增加粮食和生物能源产出。现有水-能源-粮食耦合系统优化研究的结果均表明，三种核心资源的协同发展仍存在可提升空间，借助过程系统工程的方法不仅能识别三种核心资源间的协同障碍，还可找到全局或局部的最优结构。

本研究借助过程系统思想，一方面，将子系统分解为生产、消费和废弃物处理三大过程，为关联关系的阐释提供新视角；另一方面，基于过程系统的要素识别，分别构建三个子系统的解释方程，通过联立方程的方法测算要素间的张力强度，评价水-能源-粮食关联。

3.综合环境治理（Integrative Environmental Governance）

在全球环境治理中，制度复杂性引起的环境治理概念碎片化和复杂化在理论和实践中获得广泛关注；部门关系、多中心治理、集成管理等概念均被用于环境治理实践。VISSEREN－HAMAKER（2015）最早使用"综合环境治理"作为一个概念合集，专门代表聚焦于环境治理工具相互影响关系（单一治理系统内、不同治理系统间）的环境治理理论与实践，以实现当前环境治理概念的统一化。其中，治理工具包括公共部门、私人部门以及公私混合出台的规则与政策；治理系统可被界定为用于治理具体环境议题的工具集合，比如治理排污问题，治理系统包括排污权交易等市场化工具和严控单位 GDP 能耗等管制化工具。综合环境治理总共包含了 8 个具体概念（VISSEREN－HAMAKER，2015 和 WEITZ et al.，2017），关联路径（Nexus Approach）作为最新的概念被纳入。尽管综合环境治理含义及概念纳入标准等方面仍有待讨论，但是综合环境治理视角有助于促进政策制定和执行，不再聚焦于某一个工具，而是聚焦于新治理工具与现有治理工具间的差异，考核新工具对环境治理的增量价值。一方面，综合环境治理的概念均聚焦于治理工具的关联性议题，不仅提供了在处理该类议题时可供选择的工具类型，还为不同概念间的实践提供了可借鉴的经验；另一方面，新政策（治理工具）的制定将聚焦于新政策与现有政策间的关系，而不是只关注政策的设计、制定和实施，有助于确保政策的连贯性和一致性。

WEITZ et al.（2017）基于综合环境治理理念，通过回顾与分析综合环境治理概念集内 7 大概念的治理实践，为提升关联路径对治理过程的影响提供借鉴。具体而言，来自综合环境治理的经验包括：①关联部门和关联尺度的界定；②不同部门间共享原则的确立；③政策协同是一个伴随着价值和观念改变的过程而不是结果。

2.3.3 水－能源－粮食协同发展的三类测度方法

尽管水－能源－粮食间关联关系的量化仍存在方法论层面的障碍（CHANG et al.，2016），但是越来越多跨学科研究方法被运用于三种资源协同发展的测度，有助于增进水－能源－粮食协同发展的理解、为三种资源关联关系量化和协同发展评价奠定了基础。DAI et al.（2018）总结了现有关联测度与评价的 70 种模型和工具，并对其中的 35 种进行了分析；ZHANG et al.（2018）讨论了适用于水－能源－粮食关联建模的 8 种方法，详细阐述了各种方法的优劣和使用条件，提出了水－能源－粮食关联建模的原则，即需综合考虑研究目标、尺度和数据可获取性等。基于此，根据方法的测度对象和目标可将协同发展测度方法大致归纳为三大类：①子系统集成优化法；②关联强度测算法；③黑箱效率评价法（包括熵测度和投入－产出分析）。

1. 子系统集成优化法

水－能源－粮食耦合系统作为开放式复杂系统，要实现对其模拟和优化，需采取"解构－重构"的思路逐步实现耦合系统的优化。目前，基于子系统模块的集成优化是水－能源－粮食协同测度的主流方法，典型的工具和模型包括：CLEWs、Nexus Tool 2.0、NexSym、协同优化模型等。

该方法首先将水－能源－粮食耦合系统基于研究目标分解为若干相互作用的子系统，比如水、能源、粮食、生态系统、气候变化等；其次分别对每个子系统（模块）进行建模，此时可借助过程系统工程的方法（LEUNG PAH HANG et al., 2016），刻画子系统的信息流和资源流，进而构建系统方程并设置系统参数；再次，借助序贯模块法、线性规划、嵌套遗传算法等方法，实现子系统的集成与优化，或基于现有子系统实体模型，在模型输入端－输出端实现连接与优化，比如 WEAP-LEAP 模型；最后，通过参数调整可实现情景模拟和未来预测。

此类方法实现了水－能源－粮食三者在子系统层面的集成，符合多中心网络结构特征；通过参数和情景设置有助于从宏观层面分析系统整体运行状况，实现系统的参数优化。但是，此类方法因关注子系统之间的关联，忽视了子系统要素间的相互作用和关联强度，无法实现模型的精细化；关注子系统要素的重要意义在于，每一个子系统要素均存在与之相对应的资源治理部门，忽视子系统要素将导致资源治理政策难以落实。

2. 关联强度测算法

关联强度测算法的目标不是实现众多子系统的集成，而是测算子系统间或子系统要素间的关联强度，并将关联强度作为系统内部协同发展程度的判断标准。通过要素间关联强度的测算，有助于推动水－能源－粮食耦合系统研究的精细化；尽管现有关联强度测算模型只实现了系统的静态刻画，但是通过方程拟合、相互作用方向的识别，可为后续动态刻画奠定基础。实践中，关联强度测试模型包括耦合协调度模型（邓鹏等，2017）和联立方程模型（GALDEANO–GÓMEZ et al., 2017）。

耦合协调度是指系统要素在系统发展演进过程中彼此和谐或步调一致的程度（孟庆松和韩文秀，2000），实践中要素间和谐一致的程度往往通过系统要素间的"距离"来测算，故又被称为距离协调度，目前已被广泛应用于判断系统内部子系统间关联强度。耦合协调度模型遵循引力模型中的距离衰减原理（陈彦光和刘继生，2002），即两个子系统间距离越远，相互作用强度越低。首先，计算 j 个子系统在每个时间单元内的有序度 μ_j；其次，通过距离衰减原理计算子系统的耦合度（C），反映子系统间相互作用强度，如公式(2-1)所示；最后通过公式(2-2)计算耦合协调度（D），以反映系统的整体功能或发展水平。

$$C = \theta \times \sqrt[j]{\prod_1^j \left| u_j^{0-u_j^1} \right|} \tag{2-1}$$

$$D = \sqrt{C \times T} \tag{2-2}$$

式中：j 为子系统个数；θ 为耦合度参数，用于识别正耦合与负耦合；T 为系统的综合评价指数，实践中可用子系统重要性系数的加权平均数替代。

目前，耦合协调度模型被广泛用于剖析水−能源−粮食耦合系统中的子系统关联及协调演变规律，表明"协同"议题是当前研究的焦点。尽管该模型提供系统整体协调情况的基本认知，但是由于其无法确定要素间的具体关联强度，比如只测算了水和能源间的强度，无法测算水对能源的强度和能源对水的强度，且在耦合度和协调度的判断标准上依旧粗糙，导致其无法在实践中提供可执行的政策建议。此外，大部分耦合协调度模型的研究都赋予水、能源和粮食同等重要程度，无法展现水−能源−粮食关联的属地化特征，比如北京市的水资源短缺意味着水资源议题的优先级要高于能源和粮食子系统，即水资源子系统的重要性高于能源和粮食子系统。为此，同等重要性的假设虽有助于实现三种核心资源的平等集成，但是却不利于提升关联议题的优先级，难以实现研究结果的"落地"。

联立方程模型借助若干方程或方程组来展现系统的结构，并通过对方程的估计、拟合、测算等确定方程的参数及变量间的相互作用关系，有助实现系统结构的精准刻画和进一步优化，在过程系统工程和计量分析中获得广泛应用。其中，过程系统工程主要设置非线性方程，通过线性或非线性规划等原理，实现系统方程组的优化和系统的动态模拟；计量分析以线性方程为主，通过最小二乘估算法，估计方程的参数，实现对系统的静态模拟，而系统的动态模拟需要借助脉冲分析和方差分解技术，目前仍有待开展。采用方程的形式，可以清晰地展现要素之间的相互作用强度和作用方向，为系统的精准调控奠定基础，但是现有方程的设置、参数的选取等均基于系统的机理分析，主观性较强，缺乏实证检验。水−能源−粮食耦合系统的联立方程模型如公式(2-3)所示。

$$\begin{cases} W_t = f_1(E_t, F_t, X_{wt}) \\ E_t = f_2(W_t, F_t, X_{Et}) \\ F_t = f_3(E_t, W_t, X_{Ft}) \end{cases} \tag{2-3}$$

式中：W_t，E_t，F_t 分别为水、能源和粮食子系统序参量，代表水、能源和粮食子系统方程；X_{wt}，X_{Et}，X_{Ft} 分别为水、能源和粮食子系统的影响因素集合。

3. 黑箱效率评价法

（1）熵测度

"熵（Entropy）"是来源于热力学的概念，最早由 R.J.E. Clausius 于 1865 年引入，并提出了熵（s）增加原理，以刻画孤立系统中的可逆过程，即 $ds = 0$，以及不可逆过程，即 $ds >$

0（刘桂雄等，1999）。基于熵增加原理，孤立系统内部的一系列过程均是从热力学概率小的状态转向热力学概率大的状态，且该过程最终形成的平衡态为均匀无序的状态。热力学熵（s）可用玻尔兹曼常量（k）和热力学概率（p）进行描述，其一般化情形如公式(2-4)所示，即若 A 系统可能存在n种不同状态，其中在第i个状态的概率为p_i，则 A 系统的熵值s可描述为：

$$s = -k\sum_{i=1}^{n} p_i \ln p_i \tag{2-4}$$

信息论建立后，随着信息熵的提出和发展，熵的概念得到了推广。在信息论中，如果一个信息源由m个事件组成，每个事件的概率分别为$p_1, p_2, \cdots, p_m$，则该信息源中每个事件所包含的平均信息量（H）为公式(2-5)：

$$H = -\sum_{i=1}^{m} p_i \ln p_i \tag{2-5}$$

鉴于公式(2-4)和公式(2-5)的相似性，信息论创始人 Shanon 将公式(2-5)定义为信息熵。其中，每个信息源的信息量越大或信息熵越大，则该信息源越无法提供确定的信息，即该信息源越无序；反之，信息量越少，信息源提供的信息越确定，则越有序。故信息量可以用于刻画系统的混乱程度。哈肯在《协同学导论》中阐述了信息熵，并将其应用于系统有序度测算。

A.N. Kolmogorov 进一步精确化信息熵的概念，并用于衡量系统运动的无序程度，即Kolmogorov 熵，计算公式如公式(2-6)所示（GRASSBERGER & PROCACCIA，1983）。

$$k = -\lim_{\tau \to 0}\lim_{\varepsilon \to 0}\lim_{n \to \infty} \frac{1}{n\tau} \sum_{i_0,\cdots,i_n} P(i_0,\cdots,i_n) \ln P(i_0,\cdots,i_n) \tag{2-6}$$

式中：$P(\cdots)$为联合概率；τ极小的时间间隔；n为相空间重构中的子空间个数；ε为子空间的边长。极限$\varepsilon \to 0$是取在极限$n \to \infty$之后，它使k的值实际与相空间分割无关，若取$\tau \to 1$，则极限$\tau \to 0$可以省略。

Kolmogorov 熵的优点为："黑箱"视角测算出有序度；只需要子系统一个序参量的时序数据，而无须穷尽所有序参量。缺点为：需要长时间的时序数据作为支撑，因为该方法的第一步是对序参量时序数据的相空间重构，相当于把一维时序数据调整为n维时序数据，即每增加一个维度，需要缩减一个时间步长；只能计算子系统有序度，而无法计算耦合系统的有序度，因为缺乏耦合系统的衡量指标；如何通过有序度计算耦合系统的协同度，即子系统有序度如何集成依旧未解。实践中，可采用基尼系数法、耦合协调度模型、博弈论等对子系统有序度进行集成，测算耦合系统协同度。

（2）投入-产出分析

另一个"黑箱"视角的协同发展测度为投入-产出分析，即通过分析系统的输入和输出来推断系统的协同状态，如果系统协同度高，那么系统将可以实现以较少的投入获得较大的产出，包括投入-产出分析法和数据包络分析法。

投入产出分析法（IOA）最早由诺贝尔经济学奖获得者瓦西里·列昂惕夫（Wassily W. Leontief）提出，并用于研究国民经济各个部门间产品生产与消耗的依存关系，即能源行业的产品生产需要消耗多少水资源，是古典经济理论的延伸。该方法将一个国家或地区当作一个整体进行研究，通过编制投入产出表、构建投入产出模型，综合分析不同部门间的依存关系，并根据此类结构中某些可计量的特征，阐释其相应的功能（冯云廷，2006）。目前，投入产出分析已成为剖析水–能源–粮食跨地区、跨部门关联的重要技术（MAI et al.，2023），不仅可以从部门视角展开分析，识别关键部门，还可以从区域视角展开分析，查找典型地域。

数据包络分析法（DEA）是典型的"黑箱"评价方法，该方法最早由美国运筹学家 A. Charnes 和 W.W.Cooper 于 1978 年提出，是一种基于线性规划和对偶规划原理，通过有效生产前沿面的估算，运用产出对投入的比例来测算不同决策单元间的相对效率值并进行排序的方法（魏权龄，2004）。DEA 方法不仅可以评价具有不同特征的决策单元间的相对效率，还可以评价同一个决策单元不同年份间的相对效率，并将相对效率值进行分解，以分析非 DEA 有效的原因及改进方向。DEA 在处理多投入–多产出议题时独具优势：一是，DEA 方法将决策单元视为黑箱，无须假定投入–产出方程；二是，DEA 方法通过线性规划最优化方法确定指标权重，无须主观设置决策单元投入、产出变量的权重；三是，投入–产出变量可以选取具有不同计量单位的指标。目前，DEA 方法被广泛运用于军事系统、城市系统、产业系统、资源系统的评价，LI et al.（2016）最早将水–能源–粮食耦合系统视为黑箱，运用 DEA 方法评价了耦合系统的投入产出效率，为决策者掌握本地区水–能源–粮食耦合系统运行现状提供了参考。SUN et al.（2022）运用超效率网络 DEA 方法，将水–能源–粮食耦合系统按子系统进行分解，并基于投入产出过程，比如粮食生产的水资源投入，将各子系统进行关联，进而测算耦合系统及其子系统的投入产出效率。由于经典 DEA 方法并未考虑决策单元的外部环境（地理位置等）、所遭受的外部冲击、遗漏变量等因素，决策单元的相对效率值是有偏的，可能高估也可能低估（WORTHINGTON，2000）。因此，需要借助三阶段 DEA（Three-Stage DEA，T-DEA）剔除外部环境因素对决策单元的影响，进而测算出各个决策单元间的"真实"相对效率值。

Fried et al.（2002）最早将经典 DEA 与随机前沿分析（Stochastic Frontier Analysis，SFA）结合，综合考虑了外部环境效应、管理无效率和随机误差，构建了三阶段 DEA 模型。首先，运用经典 DEA 模型（比如 BCC 模型）测算投入产出效率，并获得投入冗余数值；其次，运用 SFA 构建外部环境变量和投入冗余值之间的回归关系，并基于回归结果对初始输入变量进行修正；最后，利用修正后的输入变量与初始输出变量进行经典 DEA 测算，获得"真实"相对效率值。目前，尽管三阶段 DEA 模型在处理决策单元受环境因素影响的有效性已被认可，并被广泛应用于公共部门系统、产业系统、城市系统的效率测算，但是三阶段 DEA 模型在第二段运用 SFA 消除环境变量影响时，仍然无法消除环境变量在方程中的位置差异而带来的影响（陈巍巍等，2014）。

2.4 本章小结

　　本章重点阐释了区域尺度、水−能源−粮食关联、水−能源−粮食协同发展的内涵与特征，为下文的理论分析与案例选取奠定概念基础。其中，区域尺度是指水−能源−粮食耦合系统以特定行政区划为边界的地域范围，包括功能地域（跨国地区、流域等）、行政地域、市区地域和行政单元等五个层次；水−能源−粮食关联的界定包括自然科学维度的关联关系梳理和社会科学维度的行动方案制定，其特征是结构的多中心性和关联关系的复杂性；水−能源−粮食协同发展包括目标、张力、制度三个方面的协同。同时，梳理了国内外水−能源−粮食关联的四大研究热点、三大理论基础和三类协同测度方法。其中，研究热点包括关联关系的识别、分类、刻画、量化和治理，理论基础包括协同论、过程系统工程理论和综合环境治理理论，协同测度方法包括子系统集成优化法、关联强度测算法和黑箱效率评价法，为区域水−能源−粮食耦合系统的协同机理分析和研究方法选取奠定基础。

第 3 章

区域水－能源－粮食耦合系统协同机理分析

水−能源−粮食协同的重要性已形成共识，行政区划作为政策制定和执行的空间载体，基于 2.2.1 水−能源−粮食关联概念评析，社会科学维度将成为区域水−能源−粮食耦合系统的核心，但是关联行动方案的提出离不开水−能源−粮食耦合系统的认知，即自然科学维度的阐释。因此，理论上如何打开区域尺度水−能源−粮食耦合系统"黑箱"，认识和理解黑箱内部的协同机理，是提出关联行动方案的前提，也是本书完成定性研究的关键一步。本章采取"解构与重构"的思路，首先基于水−能源−粮食关联的定义对区域水−能源−粮食关联关系进行分类，界定区域水−能源−粮食体系；其次，以子系统的资源流为抓手，刻画水−能源−粮食在生产、消费和废弃物处理过程中的共演化关系，打开区域水−能源−粮食耦合系统"黑箱"，即"解构"；最后，基于供给−消费视角，实现水−能源−粮食集成，即"重构"，分别从核心关联和外围关联两个层面阐释协同作用机制。本章内容将实现水−能源−粮食关联内涵的尺度化，为关联内涵的理解和后续的实证研究奠定理论基础。

3.1　界定区域水−能源−粮食体系三个核心层面

自 2011 年水−能源−粮食关联范式正式提出以来（HOFF，2011），现有研究专注于理解区域、国家及全球尺度三种资源间的静态关联关系，且在区域发展战略、政策制定中的重要性正逐步成为共识（RAMASWAMI et al.，2017），但是区域尺度水−能源−粮食间动态关联关系及其与区域大系统间互动关系的研究仍缺乏基本框架和基本工具。现有区域水−能源−粮食耦合系统研究框架聚焦于封闭−静态的水−能源−粮食耦合系统及其在供给侧的作用机制，资源的消费侧被简化为需求量嵌入供给侧的作用机制与评价体系中（LEUNG PAH HANG et al.，2016；OWEN et al.，2018），虽有助于界定系统边界、实现复杂关联关系的量化、确保地区资源供给安全，但却无法展现行政区划内部水−能源−粮食资源的供需矛盾及耦合系统的作用机制。此外，区域水−能源−粮食耦合系统的研究视角依旧不明确，现有的主流研究视角均从资源治理实践出发，包括安全视角（HOFF，2011）、管理视角（FAO，2014）、功能视角（GONDHALEKAR & RAMSAUER，2017），侧重于关联路径的制定与实施，比如 LIU et al.（2018）提出实施关联路径的五步法，即制定研究目标、界定关联系统、设计概念框架、分析关联关系、仿真关联动态，虽有助于加深对水−能源−粮食耦合系统的理解，但是却不足以揭示水−能源−粮食协同机理；技术−生态视角（MARTINEZ-HERNANDEZ et al.，2017）的引入，有助于在理论上刻画和阐释水−能源−粮食耦合系统与生态系统间的关系，但是未能反映资源在人类集聚区的加工、转化与消耗。

为有效回应现有研究中的上述三点不足，基于水-能源-粮食耦合系统与区域自然环境-城市居民活动两个圈层的紧密关系，本书从"人类活动-自然环境"视角（LIU et al., 2018）建立理解区域水-能源-粮食耦合系统的三个层面，包括①静态-封闭系统中相互影响、相互制约、相互促进的复杂关系（核心关联关系）；②开放-动态系统中外围要素驱动水-能源-粮食变化的内在影响关系（外围关联关系）；③行政区划内水-能源-粮食耦合系统与区域社会-经济-生态大系统的相互适应性（互动关联关系），如图 3-1 所示。

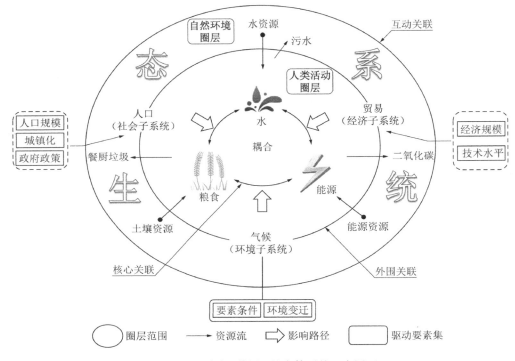

图 3-1　区域水-能源-粮食体系的三个层面

3.1.1　区域静态-封闭系统水-能源-粮食间的核心关联

核心关联是指水-能源-粮食资源在行政区划范围内提取、生产、存储、分配、运输、消费、废弃物处置等过程中的相互促进、相互制约、共生演化关系（GLEICK, 1994）。CAI et al.（2018）根据地区水-能源-粮食关联关系的来源和特征，将供给端的核心关联关系划分为固有关联、投入-产出关联和引致关联（如图 2-4 所示，参考 2.2.3 节），缺乏考虑消费端的核心关联关系。因此，基于关联关系的来源，本书将核心关联归纳为供给端的经济技术关联和空间物理关联以及消费端的结构关联。

经济技术关联属于软件关联，是指在经济和技术可行性影响下，区域水、能源和粮食间以信息流和资源流的形式在城市内部所展现的协同与矛盾，主要关注：①资源流的投入、产出、效率及影响。②信息流与资源流间的协作。比如，海水淡化技术虽然为人类社会提供开发新水源的可能性（水 – 粮食关联），但现有技术需消耗大量能源、产生大量温室气体（水 – 能源关联），且淡化后的高浓度海水排放也会破坏地区生态环境（RASUL，2014）。空间物理关联属于硬件关联，是指在城市规划、土地利用变化以及基础设施布局过程中分布于行政区划内部的水 – 能源 – 粮食所形成的关联，包括引致关联、物质驱动的关联。水利枢纽设施的建设和运营将引起城市水资源供应、水力发电与城市农业生产间的关联；城市污水处理设施由集中布局向分散布局过渡将引起污水处理的水 – 能关联点由污水抽取转向污泥运输（VELASQUEZ–ORTA et al.，2018），而污泥的集中处理和再生利用，可推动不同区域间的水 – 能源 – 粮食资源形成关联。比如，波士顿将城市生活污水处理后的污泥作为肥料供给迈阿密的橘子种植户，迈阿密的成熟橘子卖给波士顿的居民，建立了两个区域之间的水 – 能源 – 粮食关联。结构关联（或系统反馈关联）是指城市资源消费在城市资源代谢体系演化过程中的交互影响而形成的关联，聚焦于资源消费的反弹效应以及人类行为的影响。家用空调效率的提升有助于降低空调的能耗，但却延长了空调的使用时间、增加了居民室内活动时间，反而增加了建筑能源消费总量（YU et al.，2013）和生活垃圾产生量。

3.1.2　区域动态 – 开放系统驱动要素的外围关联

外围关联关注地区社会、经济、环境、技术和政治要素的变化对水 – 能源 – 粮食耦合系统的内在影响（KENWAY et al.，2011），现代城市动态、开放和网络化特征越发突出，以城镇化、全球化和气候变化为主的驱动要素影响着区域核心资源系统的供需总量、空间分布与关联结构（LI et al.，2016）。

首先，在城镇化进程中，人口迁移与发展透过社会子系统影响全球生产体系演化及城市资源投入。因为随着人口在城镇化地区的集聚，不仅增加了资源的需求总量，而且带来了资源的多样化需求，对城市资源供给形成挑战；且城镇化进程伴随着城市土地利用的变化（扩大城市建成区面积、减少城市耕地面积），威胁着区域生态系统安全（WOLFF et al.，2015），导致城市资源的自给能力下降、外部依赖性增强。比如，2016 年北京市能源消耗总量中的 96% 需要外地供给（LIU et al.，2019）。其次，在全球化进程中，资源贸易与调配通过虚拟水和物化能的形式实现资源再分配，扩大了城市资源系统边界，减轻了资源短缺困境对城市发展的影响；产业转移和消费模式变化透过经济子系统，影响区域水 – 能源 – 粮食资源的供需矛盾。最后，在气候变化背景下，降雨模式改变、气温升高将改变水 – 能源 – 粮食耦合系统的关联结构，极端天气事件发生频率的升高将降低资源供给的稳定性和安全性；由于资源流动性特征，区域内部、城市间的共享环境容量透过生态子系统，与区域内部的基础设施、治理工具等多个圈层和要素形成复杂的交互作用关系

（DECKER et al., 2000），此类交互作用的变迁过程将改变区域内的资源分配模式，加剧城市资源供需矛盾。

3.1.3　与区域社会-经济-环境系统相互适应的互动关联

互动关联从资源治理的视角强调水-能源-粮食耦合系统与区域社会-经济-环境大系统的相互适应性，因为区域社会-经济-环境要素会驱动耦合系统变化，区域水-能源-粮食耦合系统的恶化也制约着地区的可持续发展，所以如何调控区域社会-经济-环境大系统（产业调整、技术创新、阈值提升），实现水-能源-粮食耦合系统与区域可持续发展进程相匹配，是互动关联的关注焦点。

水-能源-粮食耦合系统的核心要义是从资源一体化视角考察资源代谢的规模、强度及空间流动特征是否满足社会-经济-生态大系统的阈值要求，及其对资源治理、城市规划和居民健康的影响。一方面，阈值要求是指区域资源消耗（总量、强度和模式）与区域发展阶段（GDP、人口和建成区面积）相互适应，不仅要积极调整产业结构、不断改进和提升技术水平，以降低资源消耗总量、减缓气候变化；还要提升本地阈值水平，增强适应性。借助城市规划工具、推行生态化改造，构建蓝色-绿色-灰色基础设施系统（DENNIS et al., 2018）、纳入生态系统服务需求（WOLFF et al., 2015）、减轻人类活动对生态系统的影响，以增强基础设施系统的韧性和可持续性，是增进耦合系统与区域社会-经济-环境大系统相互适应性的桥梁。另一方面，相互适应的进程亟须资源综合治理能力的提升，在当前单一部门资源治理模式下，信息的收集与共享是提升资源综合治理能力的基础。关联视角可有助力于区域资源治理困境的解决，通过数据的收集与共享降低资源治理部门间的信息不对称，通过数据统计口径的一致化，降低资源治理决策中因数据差异而引起的关联风险（HOFF, 2011），进而提升资源治理能力。目前，我国正加快新型城市基础设施建设，包括适用于城市底板的城市信息模型（CIM）基础平台和可实现城市"一网统管"的城市运行管理服务平台，有助于推动城市治理数据的汇集与共享，实现各个城市治理端口的数据和信息协调，提升区域和城市韧性治理水平。水-能源-粮食耦合系统在废弃物处理端，通过垃圾的分类、清运与回收实现生活废弃物再利用，增强地区生态系统的碳循环和氮循环（DECKER et al., 2000）；通过污水处理和中水回用，为农业生产提供稳定的水源，降低污水灌溉对农业生产、居民健康的影响（MILLER-ROBBIE et al., 2017）。

3.2　刻画区域水-能源-粮食耦合系统共演化关系

目前，水-能源-粮食耦合系统作用机制的分析范式延续了资源集成治理的分析范式，即在单一资源基础上，融入关联资源的消耗、空间分布等相关信息，不仅聚焦于子系统间的相互依赖性，更清晰地反映了子系统中资源向服务转变的全过程。核心关联、外围关联和互动关联中所阐述的关联关系均蕴含于水 - 能源 - 粮食耦合系统在区域空间内的资源流和信息流。本节聚焦于区域水 - 能源 - 粮食耦合系统的资源流，延续了"人类活动 - 自然环境"互动背景下的资源转变过程，借助过程系统工程思想，对区域水 - 能源 - 粮食耦合系统进行"解构"，即将每个子系统划分为供给、消费和废弃物处理三大子过程，从单一资源视角刻画三种资源共同演化的作用机制，识别可用于反映区域水 - 能源 - 粮食耦合系统动态变化的过程总量和过程强度指标，结合文献和案例梳理出每个子过程的人类行为、关联关系及影响因素。

本节采用文献研究法识别水 - 能源 - 粮食耦合系统中的人类行为和关联关系，并运用定性分析法完成耦合系统的解构。首先，以城市水 - 能源 - 粮食关联关系为关键词，在 Web of Science 数据库中筛选与此主题密切相关、发表于 1992—2017 年的文献，共 2823 篇（刘倩等，2018），构建本节研究的文献库。其次，基于文献库的文献计量分析（刘倩等，2018），结合本节的核心议题——识别人类行为和关联关系，以水 - 能源关联关系（Water Energy Nexus）、生态系统服务（Ecosystem Services）和食品供应链（Food Supply Chain）为关键词，进一步检索文献库，筛选可用于识别人类行为和关联关系的核心文献。再次，以核心文献为基础，深入挖掘与三大关键词密切相关的研究报告、学位论文等文献，构建英文核心文献库。最后，在中国知网（CNKI）筛选与三大关键词密切相关、引用率相对较高的中文文献，以识别中国背景下水 - 能源 - 粮食耦合系统中的人类行为和关联关系，并补充英文核心文献库。基于此，本节共筛选核心文献 19 篇，其中，水 - 能源关联关系 7 篇、生态系统服务 6 篇、食品供应链 6 篇，如表 3-1 所示。

用于识别子系统人类行为和关联关系的核心文献　　　　表 3-1

关键词	作者	名称	文献类别	时间
水 - 能源关联关系：水 - 能源的生产、消费过程	Gleick P.H.	Water and energy	期刊论文	1994
	Water in the West	Water and energy nexus: A literature review	研究报告	2013
	Wakeel M., et al.	Energy consumption for water use cycles in different countries: A review	期刊论文	2016
	Hamiche A.M., et al.	A review of the water-energy nexus	期刊论文	2016
	Scanlon B.R., et al.	The food-energy-water nexus: Transforming science for society	期刊论文	2017
	姜珊	水 - 能源纽带关系解析与耦合模拟	学位论文	2017
	高津京	我国水资源利用与电力生产关联分析	学位论文	2012
生态系统服务：废弃物处理过程	Burkhard B., et al.	Mapping ecosystem service supply, demand and budgets	期刊论文	2012
	Decker E.H., et al.	Energy and material flow through the urban ecosystem	期刊论文	2000
	Liu Q.	Interlinking climate change with water-energy-food nexus and related ecosystem processes in California case studies	期刊论文	2016

续表

关键词	作者	名称	文献类别	时间
生态系统服务：废弃物处理过程	Martinez-Hernandez E., et al.	Understanding water-energy-food and ecosystem interactions using the nexus simulation tool NexSym	期刊论文	2017
	胡新军等	中国餐厨垃圾处理的现状、问题和对策	期刊论文	2012
	朱芸、王丹阳	餐厨垃圾的处理方法综述	期刊论文	2011
食品供应链：粮食生产、消费过程	Irabien A. & Darton R.C.	Energy-water-food nexus in the spanish greenhouse tomato production	期刊论文	2016
	Zimmerman R., et al.	A network framework for dynamic models of urban food, energy and water systems (FEWS)	期刊论文	2017
	Garcia D. J., You F.	The water-energy-food nexus and process systems engineering: a new focus	期刊论文	2016
	李泳	食品供应链能源流投入产出理论及实证研究	期刊论文	2013
	徐键辉	粮食生产的能源消耗及其效率研究	学位论文	2011
	司智陟	基于营养目标的我国肉类供需分析	学位论文	2012

3.2.1 基于区域水资源系统的能源与粮食共演化

区域水资源系统的人类行为主要包括调水、提水、取水、制水、储水、配水、工业生产、农业生产、生活消费和环境消费[①]、污水回收、污水处理（NAIR et al., 2014；WAKEEL et al., 2016），共同构成了社会水循环（姜珊，2017）。水资源子系统三大过程所包含的环节和人类行为的选取标准如表 3-2 所示，水资源视角的共演化关系如图 3-2 所示。

水资源子系统人类行为的选取标准　　　　　　　　　　　表 3-2

过程	环节	准则	人类行为	参考文献
供给	水资源生产	本地水源（地表水/地下水/雨水/再生水）	提水工程、治水工程、储水工程	NAIR et al., 2014；WAKEEL et al., 2016； 姜珊，2017； GLEICK, 1994；HAMICHE et al., 2016； WATER IN THE WEST，2013.
		外地水源（含虚拟水）	调水工程	
	水资源分配	本地分配	配水工程	
		外地输送	水资源输出	
消费	终端消费	生产端	工农业生产	
		生活端	生活消费	
		环保端	环境消费	
废弃物处理	污水处置	污水收集	污水回收工程、污水直排	
		污水处理	污水处理厂、再生水厂	

---

① 环境消费仅包括人为措施供给的河流、湖泊补水和城镇绿地灌溉、环境卫生清洁用水。

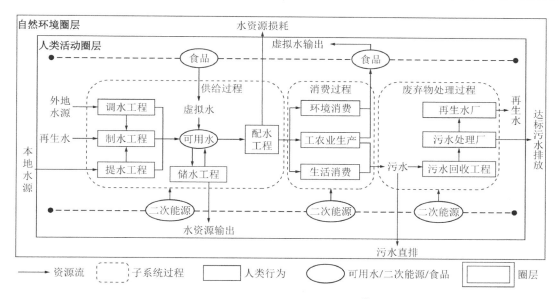

图 3-2　水资源视角的共演化关系[①]

其中，提水是指利用泵站将地表水资源从低处提升至高处；制水是指城市自来水厂生产满足特定用途的水资源。水源包括本地水源和外地水源，前者包括地表水、地下水和雨水三种常规水源以及再生水、海水、苦咸水等非常规水源；后者是指存在于行政边界以外、可被本地调用的水资源量，包括水资源调配的实体水和粮食贸易的虚拟水，比如南水北调工程向北京市的输水属于实体水调配。

基于图 3-2，采用倒序法从消费过程开始，先测算水资源子系统中的水资源需求量，再测算供给过程中确保水资源安全的能源需求量，两者的数学表达式分别如公式(3-1)和公式(3-2)所示：

$$W_D = \sum_{i=1}^{4} W_{Di} + W_L \tag{3-1}$$

$$WE_D = E_1(W_D) + E_2(W_W) \tag{3-2}$$

式中：W_D 为水资源需求量；$i(=1,\cdots,4)$ 分别为环境需水量、农业需水量、工业需水量和生活需水量；W_L 为水资源损耗；WE_D 为水资源子系统的能源需求量；W_W 为污水处理量；$E_1(\cdots)$ 和 $E_2(\cdots)$ 分别为地区水资源供给和污水处理的能耗。

水资源供给过程的共演化主要表现为水资源生产的能耗和粮食贸易的虚拟水。前者主要集中于水资源的生产和水资源的配送，后者主要表现为区域的粮食输入量。在水资源生产和配送过程中，能耗总量和水－能关联点因地区水源的差异而不同，比如 2017 年北京市地表水、地下水、再生水和调用水的供水比例分别为 9%、42%、27%、22%；而重庆市 2017 年的相应供水比例分别为 98.3%、1.48%、0.22%、0；由此可知，北京市的

---

① 可用水是指被人类开发、可为人类生产和生活提供服务的水资源量，取决于本地水资源量、水资源可调用量和城市水资源开发能力。

水–能关联点集中于取水工程、制水工程和调水工程，而重庆市则集中于取水工程。一般而言，地表水取水的能耗强度要低于地下水、再生水和调用水，全国不同水源取水行为的平均能耗强度如表 3-3 所示。在粮食贸易中，粮食作为虚拟水而输入城市，但并不是全国所有地区均需要粮食输入，部分粮食生产大省（比如河南省）则属于粮食输出；为此，可将各省划分为虚拟水输出的粮食主产区、虚拟水输入的粮食主销区、虚拟水内部匹配的产销平衡区。

水资源供给过程人类行为的能耗强度及影响因素 表 3-3

水源		人类行为	能耗强度（kWh/m³）	影响因素	参考文献
本地	地表水	引水	0.18	地面高程、水泵效率	高津京，2012；姜珊，2017
		蓄水	0	借助重力，耗能少	
		提水	0.53	地面高程、水泵效率	
	地下水	农田灌溉	0.4	地下水位、泵的类型和效率	—
		工业/生活	0.19		—
	非常规	再生水	0.82	技术和水厂规模	—
		海水淡化	6.8		—
	—	制水	0.32	水厂规模、城市规模、终端用户聚集度	《城市供水统计年鉴 2014》
	—	配水	0.41		
外地		调水	1.539（北京市）	输水距离[单位输水距离能耗强度为 0.0045kWh/(m³·km)]	高津京，2012

水资源消费过程的共演化主要表现为水资源消费终端的用水能耗和粮食（虚拟水）生产水耗（参阅 3.2.3 节）。用水终端的能耗主要发生于生活用水和工业用水终端，环境用水和农业用水的能耗主要发生于水资源供给端而不是消费端（姜珊，2017）。生活用水终端的能耗环节包括洗浴、烹饪、饮用、洗衣、洗漱、冲厕等，其中洗浴和烹饪的用水能耗量最大，比如兰州市居民家庭洗浴用水能耗约占整个家庭生活用水总能耗的 45.56%（杨琪，2014），而北京市居民家庭的占比则高达 76%（李璐，2012）。因此，不同地区的用水能耗总量和能耗强度均呈现差异化特征，根据沈恬等（2015）的测算，北京市、南京市和鄂尔多斯市的居民家庭用水能耗强度分别为 8.92kWh/m³、16.8kWh/m³ 和 17.03kWh/m³，能耗强度的影响因素包括：气候、季节、设备、家庭、本地水资源量、人均用水量等（沈恬等，2015；王海叶等，2016）。工业用水终端是指我国八大[①]高耗水行业工业生产过程中的水资源加热和水资源循环能耗，其中前者特指火力发电行业中用化石能源加热水资源以获取水蒸气进行电力生产的过程（姜珊，2017），故本部分聚焦于水资源循环过程。自 20 世纪 70 年代我国开始推行

---

① 我国八大高耗水行业包括电力行业、化工行业、钢铁行业、非金属矿物制品（煤炭为主）、石油石化行业、食品行业、造纸行业和纺织行业（马淑杰等，2017）。2011 年，全国第一次水利普查数据显示：上述八大行业用水量约占工业行业总用水量的 75%，耗水量约占工业总耗水量的 71%，工业产值约占全部工业产值的 38%。

工业水循环技术以来，我国工业行业的水资源重复利用率得到大幅增长，在行业层面，2013年化工制造业的水资源重复利用率为 91.7%，2014 年部分重点钢铁企业的水资源重复利用率为 97.64%（马淑杰等，2017）；在地区层面，2020 年北京市规模以上工业用水重复利用率达到 95% 以上。工业循环用水往往通过水泵实现冷凝水、冷却水的闭路循环，但是我国工业循环水泵系统的运行效率约为 50%（汪家铭，2014），每循环 $1m^3$ 的水资源需要消耗电力 6.4kWh（姜珊，2017）。工业用水终端的食品和发酵行业用水体现了水－粮食共演化，食品行业用水应符合国家饮用水标准，因此难以实现水资源的自循环再利用（马淑杰等，2017）。食品行业作为重点用水行业，到 2025 年，食品行业主要产品单位取水量下降 15%[①]。根据《工业水效提升计划》，食品行业的主要产品啤酒、淀粉糖、原酒、成品酒 2020 年全国平均用水强度分别为：$4.5m^3/kL$、$6m^3/t$、$51m^3/kL$ 和 $7m^3/kL$，但是在实践中部分地区白酒生产的耗水量可高达 $1000m^3/kL$（CHANG et al.，2016）。

污水处理过程的演化主要表现为污水回收、污水处理和再生水回用的能耗。污水处理过程的能源形式主要是电能，还包括药剂和燃料等，电能消耗强度为 $0.2\sim0.4kWh/m^3$，且电耗强度与工业废水作为污水处理厂水源正相关，即工业污水比例提升 1%，电耗增加 0.001kWh（杨凌波等，2008）。污水回收是指污水抵达污水处理厂之前的收集过程，包括污水的汇集和污水的抽取；其中，城市污水汇集通过污水管道的铺设角度（一般为 1‰）利用重力作用进行汇集，污水抽取是利用水泵将污水由地下汇集池抽取至污水处理厂的沉淀池，因此，污水回收的能耗主要受排污点与汇集点的距离、水泵效率的影响，据高津京（2012）估计，我国污水收集平均能耗为 $0.045\sim0.138kWh/m^3$。污水处理是指污水处理厂在处理污水过程中的能耗，主要是电能，具体能耗强度与污水处理厂规模、污水成分、污水处理工艺（活性污泥法、氧化沟法、生物膜法）、污泥处理方式、出水水质密切相关。根据羊寿生等（1984）和彭永臻等（2015）的估算，我国污水处理厂污水处理过程中能耗强度最大的环节为曝气池，即通过鼓风机给污水提供氧气以加速污水氧化过程，前者测算出曝气池供氧设备的电耗强度为 $0.145kWh/m^3$。再生水是指生活污水和工业污水经过深度处理达到特定标准（一般是二级处理标准）、满足特定用途的水资源，包括工业污水回用、城市公共再生水（地下水回灌）和建筑中水，其主要影响因素是出水水质、处理工艺。高津京（2012）基于实地调研和文献查阅推测出再生水厂的总能耗强度为 $0.2\sim1.5kWh/m^3$，HUANG et al.（2023c）梳理了我国典型城市污水处理厂的五大高能耗环节，包括污水抽取、污水搅拌、鼓风机加氧、膜处理加压、污泥脱水。

基于水资源子系统供给、消费和废弃物处理过程中的人类行为，识别水资源子系统在共演化中的总量评价指标（一维指标）；借助图 3-2 所展现的水－能源（WE）、水－粮食（WF）、水－能源－粮食（WEF）关联点，识别水资源子系统强度评价指标（二维关联指标），如表 3-4所示。

---

① 数据来源：《工业水效提升计划》。

水资源视角下水−能源−粮食耦合系统关联点及二维关联指标　　　表 3-4

子系统过程	人类行为	关联点	一维指标（过程总量）	二维关联指标（过程强度）	参考文献
水资源供给	调水工程	WE	境外调水量	单位提水能耗	李桂君等，2016a；GLEICK，1994；WATER IN THE WEST，2013；DAHER & MOHTAR，2015
	提水工程	WE	地下水抽取量	单位地下水抽取能耗	
	制水工程	WE	自来水供给量	单位自来水生产能耗	
	储水工程	WE	地表水资源量	单位蓄水、提水能耗	
	配水工程	WE	自来水消费量	单位自来水供给能耗	
	食品贸易	WEF	食品进口量	人均进口食品消费量	
水资源消费	农业生产	WF	农业用水量	单位粮食水耗	HOFF，2011；李桂君等，2016a；
	工业生产	WEF	工业取水量	单位水循环能耗	
	生活消费		生活用水量	单位家庭用水能耗	
	环境消费		环境用水量	—	
废弃物处理	污水回收工程	WE	污水回收量	单位污水回收能耗	NAIR et al.，2014
	污水处理厂		污水处理量	单位污水处理能耗	
	再生水厂		再生水量	单位再生水能耗	

3.2.2　基于区域能源系统的水与粮食共演化

能源子系统的人类行为包括不同类型能源的开采、加工、转化和运输（WATER IN THE WEST，2013），农业、工业、商业、交通业和居民生活的消费（BURKHARD et al.，2012；KROLL et al.，2012），以及生活垃圾的收集、转运与处理。能源子系统三大过程所包含的环节和人类行为选取所依据的准则如表 3-5 所示，能源流动、人类行为间的相互作用关系如图 3-3 所示。

能源子系统人类行为的选取标准　　　表 3-5

过程	环节	准则	人类行为	参考文献
供给	能源生产	一次能源：煤、石油、天然气等	开采加工工程	WATER IN THE WEST，2013；BURKHARD et al.，2012；KROLL et al.，2012；DECKER et al.；2000；高津京等，2012；胡新军等，2012；SCANLON et al.，2017.
		生物质能（有机垃圾/能源作物/农业废弃物）、热能、输入性能源	转换工程、热力工程	
	能源分配	本地分配	能源基础设施	
		外地输送	能源输出	
消费	终端消费	生产端	工农业生产	
		交通端	交通运输	
		建筑端	居住建筑、公共建筑	
废弃物处理	生活垃圾处置	生活垃圾收集	清运工程、回收再利用、直接丢弃	
		生活垃圾处理	高温焚烧	

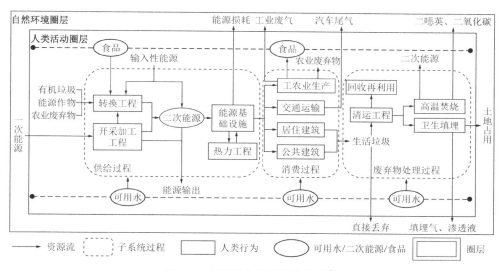

图 3-3　能源视角的共演化关系[①]

基于图 3-3，采用倒序法从消费过程开始先测算消费过程的能源需求量，再测算供给过程中满足能源需求量、确保能源安全的水资源需求量，两者的数学表达式如公式(3-3)和公式(3-4)所示：

$$E_D = \sum_{i=1}^{7} E_{Di} + E_L \tag{3-3}$$

$$EW_D = W_1(E_D - E_I) + W_{D1} + W_{D7} \tag{3-4}$$

式中：E_D 为能源需求量；E_L 为能源损耗，$i(=1,\cdots,7)$分别为热力工程、农业、工业、商业、交通业、居民生活、清运工程；EW_D 为能源子系统的水资源需求量；$W_1(\cdots)$为能源生产水耗；E_I 为能源输入量；$(E_D - E_I)$ 代表本地能源生产量；W_{D1} 为热力工程需水量；W_{D7} 为清运工程需水量。

广义而言，能源包括煤、原油、天然气等主要化石燃料和热能、核能、风能、光电能、水能等其他能源（DING et al., 2018）。能源的生产集于国家能源基地，如我国晋北、冀中等 14 个大型煤炭能源基地的煤生产量占全国总产量的 90% 以上[②]。但是城市作为能源消费的主要场所，能源多以能源产品（二次能源）的形式输入，主要包括燃料、电力和热力（SALMORAL & YAN，2018），可满足城市生产、生活直接消费的需要；同时，通过火力发电厂、热电厂等，将输入的能源产品如煤炭和天然气转化为本地所需要的电力、热能等。

能源供给过程的共演化包括一次能源的开采加工（能源–水）和能源转化工程（能源–水、能源–粮食）。前者主要针对自然界中的能源原材料，后者基于能源的消费属性，包括火力发

---

① 按能源基本形态，一次能源是指存在于自然界中，未经加工转换的能源，如原煤、原油等；二次能源是指经由一次能源加工转换而成、可满足人类需求的能源产品，如电力、煤气、沼气等。热力工程是指热能的生产、转换与传送，比如北方城市冬季供暖是以可用水为载体，将二次能源转变为热能运送到需求端。

② 数据来源：国家能源局. 全国重点建设 14 个大型煤炭基地[N]. [2012-11-5]. http://www.nea.gov.cn/2012-11/05/c131951302. htm（访问时间：2018.12.16）.

电厂的电力转化和生物质能转化。可供开采的一次能源包括原煤、原油、天然气、煤层气、水能、核能、太阳能、地热能、生物质能等（张志英和鲁嘉华，2013），但是并不是每一个地区都具备开采一次能源的资源禀赋。能源开采加工的水耗强度与能源品种、能源储备形态、地质环境条件、技术条件等密切相关（CHANG et al.，2016）；同时，还深受气候条件和地区生态环境质量的影响，比如中国北方地区的雾霾（PM2.5）、沙尘严重影响太阳能发电效率，太阳能光伏板上每平方米 4.05g 的灰尘将降低 40%的太阳能转换效率，因此亟须大量的水资源平均 2~3 个月对太阳能光伏板进行一次清洗。DOE（2006）数据显示光伏板的清洗水耗强度约为 0.03m³/MWh，对于我国西北地区大型光伏电站而言，规模为 10MWh 的典型太阳能电站的清洗水耗受供水方式和清洗方式的影响，移动水车直接冲洗需水量 100t、移动水车刷洗需水量 50t、铺设水管喷淋需水量 60~70t（谢丹，2014）。火力发电是当前我国电力生产的主要方式，占比约为 76%，水资源在火力发电过程中主要充当蒸汽和冷凝剂，冷却过程是当前火力发电的主要用水环节（姜珊，2017）。火力发电的冷却系统包括直流冷却系统和循环冷却系统（冷却水或冷却空气），尽管直流冷却系统消耗的水资源量少，但是需要大量的备用水，适合水资源丰富的地区，比如我国南方地区的火力发电厂以直流冷却系统为主（项潇智和贾绍凤，2016）。循环冷却系统对水资源的需求正好相反，需要消耗大量的水资源。能源开采和加工水耗强度如表 3-6 所示。

能源开采和加工水耗强度   表 3-6

能源类别	水耗强度（m³/GWh）	主要用水环节
露天煤矿	23~220	降尘洒水、土地复垦用水、爆破钻机用水
地下煤矿	64~870	水力提升、硬顶板注水软化、井下注浆用水、爆破钻孔、矸石山防火用水
传统天然气	4~100	排水与堵水、建立阻水屏障
页岩气	8~800	水力压裂技术
常规原油	0.01~0.02m³/GJ	一次/二次采油：油层注水或油层注气
强化采油	0.02~2.52m³/GJ	三次采油：水驱、化学驱、气驱、热力
核能（铀矿）发电	50~1250	原地浸开采、露天开采、地下开采；循泵轴封用水、核岛用水、常规岛用水
光伏发电	20~800	清洗电池组表面
聚光太阳能发电	300~640	液态水加热成气态水
陆上风能	0~35（约为零）	—
海上风能	0~35（约为零）	—
火力发电	380~3380	液态水加热成气态水，冷却系统，脱硫系统用水，煤场用水
水力发电	1~60	水面蒸发量
地热能	8~7600	—
潮汐能	60~220	—
生物质能	详见 3.2.3 节	种植用水、冷凝用水、清洁用水

*数据来源：CHANG et al.（2016），姜珊（2017），高津京（2012）。

空气循环冷却系统不需要消耗水资源,但是其冷却效果弱于水循环冷却系统,且降低火力发电厂发电效率的 1%～7%（QIN et al., 2015）。生物质能转化是指粮食、非粮食作物（甘蔗、海藻、油菜籽等）、农业废弃物（秸秆、牲畜粪便）和有机垃圾经过加工、发酵、燃烧等过程转化为生物柴油、沼气、电力等二次能源。与生物质能源的种植过程相比,转化过程的水耗强度低,比如生产氢的耗水为 0.1～0.3m³/GJ、生产甲醛的耗水为 0.05～0.1m³/GJ,水资源主要被用于能源转化过程的冷凝、稀释、热化学气化反应等（SINGH et al., 2011；宁淼等, 2009）。

能源消费的目的是满足人类生产、生活的需要,因此在能源消耗过程的水资源共演化,主要体现为水资源供给（参阅 3.2.1 节）、工业用水循环（参阅 3.2.1 节）和家庭涉水能耗。生活消费中大部分能源被用于加热可用水,比如在美国家庭中,将近 37% 的天然气被用于加热可用水（GARCIA & YOU, 2016）；在中国家庭中,北京市居民家庭 28% 的家庭总能耗被用于加热家庭用水及其他涉水活动,以满足洗浴、烹饪、洗衣等需求（李璐, 2012）。在与粮食的共演化中,体现为农业生产过程中的能源消耗,包括播种、施肥、收割和食品加工业的能耗,不包括农业用水能耗（参阅 3.2.3 节）。因为我国农业生产的机械化水平不高,尽管农业生产过程的能源消耗量大,但是农业生产的能耗强度与食品制造加工业相比,仍处于较低的水平（李泳, 2013）。农业生产的能耗主要集中于化肥与农药的使用,约占农业生产过程 60% 以上的能耗（徐键辉, 2011）,整体而言,不同地区、不同粮食品种的能耗强度也存在差异,比如全国小麦平均能耗强度为 20 万～25 万 kcal/亩、玉米平均能耗强度为 14 万～18 万 kcal/亩（徐键辉, 2011）。相比于食品供应链中的其他环节,食品制造和加工工业对煤炭和天然气的能耗强度最高,其中煤炭完全能耗、直接能耗和间接能耗强度分别为 0.2334t 标准煤/万元、0.0711t 标准煤/万元和 0.1623t 标准煤/万元,天然气完全能耗强度为 0.0394t 标准煤/万元。

废弃物处理过程的共演化主要表现为生活垃圾收集、清运和处理过程（高温焚烧和卫生填埋）的水耗。生活垃圾的成分与居民燃料结构密切相关,城市内燃气区垃圾的有机组成部分占比较高,而燃煤区的是无机组成部分比例较高（张宪生等, 2003）；城市垃圾处理过程中的水耗主要发生在垃圾收集过程中密闭式清洁站和转运站的清洁维护用水和处理过程中卫生填埋站的用水,但是与人工、材料和设备成本相比,生活垃圾处理过程的用水量和用水成本均很低（宋国君等, 2015）。无论是生活垃圾的转运过程还是处理过程,能源消耗的成本（动力费）均较低,分别为 1.8 元/t 和 1.5 元/t（宋国君等, 2015）。

基于能源子系统的供给、消费和废弃物处理过程及人类行为,识别出能源子系统在共演化中的总量评价指标（一维指标）；借助图 3-3 所展现的能源－水（EW）、能源－粮食（EF）、水－能源－粮食（EWF）关联点,识别出能源子系统的强度评价指标（二维关联指标）,如表 3-7 所示。

能源视角下水–能源–粮食耦合系统二维关联点及关联指标　　　表 3-7

子系统过程	人类行为	关联点	一维指标（过程总量）	二维关联指标（过程强度）	参考文献
能源供给	开采加工工程	EW	一次能源生产量	单位能源生产水耗	WATER IN THE WEST，2013；李桂君等，2016a
	转换工程	EW	火力发电量	单位电力生产水耗	
		EF	沼气生产量	沼气生产率	
	热力工程	EW	集中供热面积	单位面积能耗	
能源消费	农业生产消费	EF	柴油消费量	单位耕地面积油耗	GALDEANO–GÓMEZ et al.，2017
		EF	化肥消费量	单位耕地面积肥耗	
		EF	电力消费量	单位耕地面积电耗	
	交通运输	EW	民用汽车拥有量	人均汽车拥有量	—
	居住建筑	EWF	电力煤气消费量	单位居住面积能耗	AGUDELO–VERA et al.，2012
			家庭用水量	单位居住面积水耗	
	公共建筑	EW	商业建筑用电量	单位建筑面积能耗	
			公共建筑用水量	单位建筑面积水耗	
	工业生产消费	EWF	工业生产能耗	单位工业产值能耗	
废弃物处理	清运工程	EW	生活垃圾清运量	单位垃圾清运能耗	

3.2.3　基于区域粮食系统的水与能源共演化

粮食分为初级产品和次级产品，其中初级产品包括种植业生产的谷物，分为口粮、工业用粮、种子用粮和饲料用粮（胡小平和郭晓慧，2010），以及养殖业生产的肉类，即禽肉奶蛋（CHANG et al.，2016）；次级产品为食品加工业生产的食品，即动物饲料、食用油、面包、精制糖等（《国民经济行业分类》GB/T 4754—2017）。区域粮食供给包括农业生产和食品流通，粮食子系统的人类行为包括种植、养殖、食品加工、运输、存储、工业消费、生活消费和餐厨垃圾处置等（胡新军等，2012）。粮食子系统三大过程所包含的环节和人类行为选取所依据的准则如表 3-8 所示，粮食视角的共演化关系如图 3-4 所示。

粮食子系统人类行为的选取标准　　　表 3-8

过程	环节	准则	人类行为	参考文献
供给	粮食生产	初级产品（谷物/禽肉奶蛋）	种植业、养殖业、输入型初级产品	胡小平和郭晓慧，2010；CHANG et al.，2016；胡新军等，2012；徐键辉，2011；司智陟，2012；GARCIA & YOU，2016；朱芸和王丹阳，2011；ZIMMERMAN et al.，2017
		次级产品（饲料/油/面包/糖）	食品加工	
	食品分配	本地分配	食品存储	
		外地输送	食品输出	

过程	环节	准则	人类行为	参考文献
消费	粮食用途	非食物用粮（种子用粮/工业用粮）	转换工程	胡小平和郭晓慧，2010；CHANG et al.，2016；胡新军等，2012；徐键辉，2011；司智陟，2012；GARCIA & YOU，2016；朱芸和王丹阳，2011；ZIMMERMAN et al.，2017
		食物用粮（口粮/饲料用粮）	食品消费	
废弃物处理	餐厨垃圾处置	餐厨垃圾收集	收集运输、直接丢弃	
		餐厨垃圾处理	厌氧消化、好氧堆肥、生态饲料、卫生填埋	

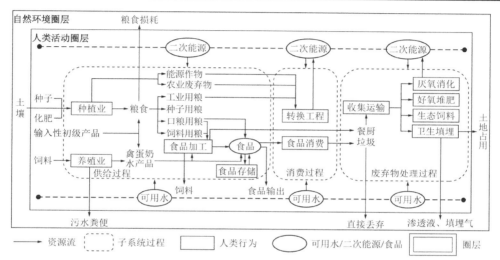

图 3-4　粮食视角的共演化关系

基于图 3-4，从消费过程开始，采用倒序法逐步测算粮食子系统中的年度粮食需求量、年度牲畜出栏量和谷物产量，以最终测算粮食供给过程中，确保粮食安全的本地水资源需求量和能源需求量。测算思路为"家庭粮食消费量→家庭粮食购买量→城市粮食供给量→粮食供给的'能源需求量 + 水资源需求量'"。

年度粮食需求量的数学表达式如公式(3-5)所示：

$$F_{\mathrm{D}} = P \times \left(\sum_{i=1}^{6} \alpha_i \times F_{\mathrm{D}i}\right) \times 365 + (F_{\mathrm{L}_1} + F_{\mathrm{L}_2}) \tag{3-5}$$

式中：F_{D} 为粮食需求量；P 为城市人口规模；α 为居民粮食消费量转变为粮食购买量的换算系数；$i(=1,\cdots,6)$ 分别为油盐、乳类坚果大豆类、动物性食物类、蔬菜水果类、谷薯类和饮用水（中国营养学会，2016）；F_{L_1} 为谷物损耗，约为 6% 的粮食产量（司智陟，2012）；F_{L_2} 为平均肉类损耗，约为牲畜出栏量的 18%（EI-GAFY，2017）。

基于年度粮食需求量可计算出牲畜的年度牲畜出栏量 F_{DM}、年度谷物产量 F_{DG}，进而求出粮食子系统供给过程中，确保粮食安全的本地水资源需水量 FW_{D} 和本地能源需求量 FE_{D}，分别为公式(3-6)、公式(3-7)、公式(3-8)和公式(3-9)。

$$F_{\mathrm{DM}} = P \times \left(\sum_{i=1}^{3} \alpha_i \times F_{\mathrm{D}i}\right) \times 365 + F_{\mathrm{L}_1} \tag{3-6}$$

$$F_{DG} = P \times \left(\sum_{i=4}^{5} \alpha_i \times F_{Di} \right) \times 365 + \beta \times F_{DM} + F_{L_2} \tag{3-7}$$

式中：β 为料肉比系数，用于确定饲料需求量。

$$FW_D = W_2(F_{DM} - F_{DMI} + F_{DP} - F_{DPI}) + W_{DP} + W_{DT} \tag{3-8}$$

$$FE_D = E_3(F_{DM} - F_{DMI} + F_{DG} - F_{DGI}) + E_{DP} + E_{DT} \tag{3-9}$$

式中：F_{DMI} 为当年牲畜输入量；F_{DGI} 为当年谷物输入量；$W_2(\cdots)$ 为粮食生产水耗；W_{DP} 为食品加工水耗；W_{DT} 为餐厨垃圾处置水耗；$E_3(\cdots)$ 为粮食生产能耗；E_{DP} 为食品加工能耗；E_{DT} 为餐厨垃圾处置能耗。

我国作为粮食生产大国，由于土壤和气候条件的差异，部分农产品的生产主要集中于粮食主产区，比如河南、黑龙江、安徽、江苏、河北和四川。城市设施农业作为传统露天农业的有效补充，可为城市地区提供新鲜的蔬菜、牛奶、鸡蛋等农产品，比如北京市 2022 年设施农业实际利用占地面积为 13.37km²、播种面积约为 34.5km²、产值达 59.8 亿元，以温室和大棚为主，提供蔬菜、花卉、瓜果等（北京市统计年鉴，2023）。

粮食供给过程的共演化表现为水和能源作为粮食供给的重要投入变量，粮食产量作为这一过程的核心产出。粮食供应链由农业生产–食品工业（制造、加工和包装）–流通系统（货运、分销和餐饮）三部分构成（李泳，2013），其中农业生产部分对煤炭的完全能耗强度最低（0.1109t 标准煤/万元），低于粮食供应链中其他两部分的完全能耗强度（李泳，2013），故本部分重点讨论农业生产部分的水耗、食品工业–流通系统两部分的能耗。农业生产部分的水耗受生产方式、作物种类、生产规模等因素的影响，比如北京市设施蔬菜生产中节水灌溉和普通灌溉的水耗强度分别为 16.6kg/m³ 和 13.6kg/m³（冯献等，2017）。作物生产水足迹反映了作物生产过程的水耗强度[①]，基于孙世坤等（2016）对粮食作物重量水足迹的测算，我国粮食作物中马铃薯生产的平均水耗强度最低（350m³/t）且该强度在区域间的差异较小，大豆的水耗强度最高（2930m³/t）且区域间差异大；小麦、玉米和水稻的水耗强度分别为 830m³/t、1090m³/t 和 1300m³/t。能源作物水足迹的展现形式包括单位生物质量的水足迹（m³/t）和单位生物质能的水足迹（m³/GJ），前者偏重能源作物生产过程的作物水耗强度，后者聚焦于能源作物全生命周期的水耗强度。基于宁淼等（2009）的测算，我国 14 种能源作物生产过程水耗强度最高的是棉花（1427.71m³/t），最低的是甜菜（92.62m³/t），如表 3-9 所示。

粮食作物与能源作物生产过程水耗　　　　　　　　　　　　表 3-9

农作物种类	作物名称	作物水耗	量纲	参考文献	备注
粮食作物	大豆	2930	m³/t	孙世坤等（2016）	1. 作物水耗值是基于各省测算结果的平均值；2. 水耗包括蓝水水耗（地下水/地表水）和绿水水耗（储存于土壤中的有效降雨）
	水稻	1300			
	小麦	830			
	玉米	1090			

[①] 作物生产水足迹是指某个区域生产作物的单位产量所消耗的水资源数量，即 m³/kg（孙世坤等，2016）。

农作物种类	作物名称	作物水耗	量纲	参考文献	备注
粮食作物	高粱	405	m³/t	孙世坤等 （2016）	1. 作物水耗值是基于各省测算结果的平均值； 2. 水耗包括蓝水水耗（地下水/地表水）和绿水水耗（储存于土壤中的有效降雨）
	马铃薯	350			
能源作物	棉花	1427.71	m³/t	宁淼等 （2009）	1. 作物水耗值是基于作物生长期蒸腾量的估计值； 2. 水耗是作物水资源需求量
	油菜	536.53			
	向日葵	484.47			
	白杨	436.98			
	椰子	406.71			
	花生	350.47			
	甘蔗	147.62			
	木薯	200.53			
	甜菜	92.62			

食品工业和流通系统以能源消耗为主，不同环节对不同种类能源产品的消耗强度各不相同，食品制造和加工业的水耗强度参阅 3.2.1 节，能耗强度参阅 3.2.2 节。食品包装环节和食品货运环节的能耗强度较高，尤其是货运对石油的完全消耗强度（0.3374t 标准煤/万元）是整个供应链能耗强度最大的环节，包装对电力的完全消耗强度（0.2251t 标准煤/万元）次之（李泳，2013）。

粮食消费过程的共演化表现为食品消费过程（家庭烹饪、在外就餐）和粮食转换工程中水和能源的投入（转换工程的水耗与能耗强度可参阅 3.2.2 节）。餐饮行业的完全能耗强度略高于农业生产过程，其中，对煤炭的完全能耗强度最高（0.1433t 标准煤/万元），其次是对电力的完全能耗强度（0.1291t 标准煤/万元）。家庭烹饪过程水耗与能耗的界定较为复杂，总体而言，烹饪过程的水耗与能耗在家庭总水耗与总能耗的占比均较低，且随季节性、区域性变化，杨琪（2014）对兰州市居民家庭的调查发现，兰州居民家庭烹饪环节的水耗为 89.22L·人/d，仅占家庭总水耗的 10.72%，而烹饪环节的用水能耗约为 0.05kWh·人/d，仅占家庭生活用水能耗的 3.33%。王海叶等（2016）对北京市居民家庭的水－能调查发现，北京市居民家庭烹饪环节的水耗为 124.1L·人/d[①]，占家庭用水总量 13.3%，用水能耗为 2.21kWh·人/d。此外，家庭粮食消费中的存储环节也是重要能源－粮食关联点，无论是食材保鲜、残羹再食用，还是肉类冷冻保存均需依赖电冰箱，此时的共演化表现为饮食习惯与电力消费。HUANG et al.（2023b）将城市居民家庭冰箱拥有量作为粮食子系统的评价指标，用于评价城市水－能源－粮食耦合协调度、挖掘三种资源协调发展的障碍度。

餐厨垃圾处理的共演化表现为餐厨垃圾的清运和餐厨垃圾处理过程中的水耗与能耗，具体可参考 3.2.2 节生活垃圾处置部分。餐厨垃圾是指家庭、集体食堂、餐饮行业产生的食

---

① 此数据为每户每天只做两顿饭的情景数据。

物废料和残余，是城市生活垃圾的重要组成部分；与生活垃圾不同的是，餐厨垃圾的水分、有机物、油脂和营养元素的含量均很高，处理不当将破坏地区生态环境，且导致地沟油现象屡禁不止。因此，将餐厨垃圾作为原料生产能源是未来餐厨垃圾处理的主要方向，餐厨垃圾可用于生产生物柴油、甲烷、乙醇（朱芸和王丹阳，2011）。具体而言，每吨餐厨垃圾可提炼出 20～80kg 的废油脂用于生产生物柴油，青岛天人环境股份有限公司年餐厨垃圾处理量在 15 万 t 以上的可再生能源项目，可生产生物柴油 2000t，即 13.3kg/t；餐厨垃圾的厌氧发酵不仅可以产生沼气，而且沼渣和沼液还可作为种植业的肥料，实践中每吨餐厨垃圾完全降解能产生 200m³ 的沼气；运用同步糖化发酵的方法制取燃料乙醇，乙醇的最高产量可达到 15.3mL/100g 餐厨垃圾（张强等，2013）。

基于粮食子系统的供给、消费和废弃物处理过程及人类行为，识别出粮食子系统在共演化中的总量评价指标（一维指标）；借助图 3-4 所展现的粮食-水（FW）、粮食-能源（FE）、水-能源-粮食关联点，识别出粮食子系统强度评价指标（二维关联指标），如表 3-10 所示。

粮食视角下水-能源-粮食耦合系统关联点及二维关联指标　　　　表 3-10

子系统过程	人类行为	关联点	一维指标（过程总量）	二维关联指标（过程强度）	参考文献
粮食生产	种植业	FW	作物需水量	单位耕地面积水耗	EI-GAFY, 2017; GALDEANO-GÓMEZ et al., 2017; CHANG et al., 2016; 司智陟，2012
		FE	作物需能量	单位耕地面积肥耗	
				单位耕地面积电耗	
			能源作物种植面积	能源作物水耗	
	养殖业	FW	牲畜饲养需水量	单位牲畜水耗	
		FE	牲畜饲养需能量	单位牲畜能耗	
				单位牲畜饲料消费量	
	食品加工	FW	食品工业用水量	单位食品工业产值水耗	
		FE	食品工业用能量	单位食品工业产值能耗	
	粮食存储	FE	国企粮食存储量	单位粮食存储能耗	
粮食消费	生活消费	FEW	谷物消费量	单位谷物总水耗	CHANG et al., 2016; 李桂君等，2016a
				单位谷物总能耗	
				单位谷物卡路里量	
			肉类消费量	单位肉类总水耗	
				单位肉类总能耗	
				单位肉类卡路里量	
			人口总量	人口密度	
			食品消费支出量	人均食品消费支出	
废弃物处理	收集运输	WE	餐厨垃圾产生量	单位餐厨垃圾清运水耗	郝晓地等，2017; KIBLER et al., 2018
				单位餐厨垃圾清运能耗	

子系统过程	人类行为	关联点	一维指标（过程总量）	二维关联指标（过程强度）	参考文献
废弃物处理	垃圾处置	WE	农业废弃物处置量	单位农业废弃物产能量	郝晓地等，2017；KIBLER et al.，2018
			餐厨垃圾处置量	单位餐厨垃圾处置水耗	
				单位餐厨垃圾处置能耗	

3.3　区域静态－封闭系统核心关联作用机制

核心关联的作用机制聚焦于水、能源和粮食三者间的共演化及相互作用。本节从"供给－消费"视角集成单一资源视角的共演化关系，构建区域水－能源－粮食耦合系统供需一体化演化框架，如图 3-5 所示，并基于此研究框架分析单一资源供给变化、资源消费对耦合系统及地区生态系统的影响。

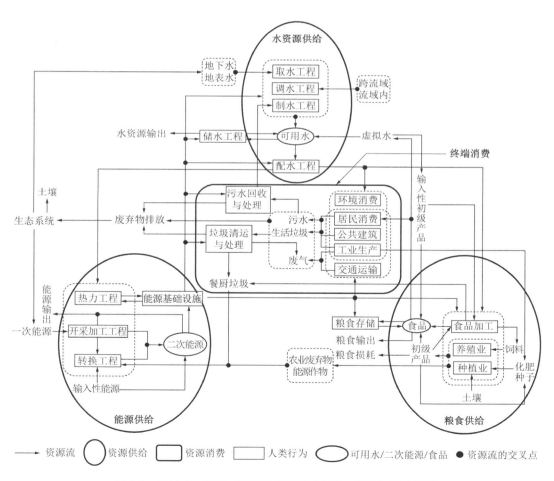

图 3-5　区域水－能源－粮食耦合系统"供给－消费"集成框架

3.3.1 "生产侧"作用机制

取水工程的水源为地表水和地下水，依赖于良好的区域生态系统，包括本地降雨、上游来水量等，能耗影响因素包括取水技术（比如柴油动力泵、电力泵）和生态系统状态（比如地下水水位）（WAKEEL et al., 2016）。调水工程依赖于水利设施的存储与输送，能耗取决于基础设施现状和输水距离，调水工程水源区的严厉环境保护政策将减少水源区耕地面积、减弱水源区粮食生产能力（刘远书等，2015；XU et al., 2020）。制水工程的水源为常规水源和非常规水源（比如城市污水、海水），相同水源的制水能耗取决于制水技术和出水水质的要求（王效琴，2007），但是所排放的大量温室气体（KARAN et al., 2018）和高浓度海水（王效琴，2007）影响着区域生态系统安全。在气候变化影响下，制水工程的投资和供水显得尤为迫切，比如澳大利亚城市海水淡化和污水再利用设施的投资额已从 2006 年度的24 亿澳元增加到 2009 年度的 70 亿澳元（WSAA, 2009）。而食品贸易与流通为城市提供虚拟水，可减少农业和工业生产对本地水资源的消耗，有助于保障资源型缺水地区生态系统安全（张信信等，2018）。

能源供给包括燃料、电力和热力（SALMORAL & YAN，2018），能源生产的需水量取决于能源的状态、类型和所采用的开采转化技术（WAKEEL et al., 2016）。在开采加工工程中，地下煤矿的开采水耗（64～870m³/GWh）比露天煤矿（23～220m³/GWh）高，页岩气的开采水耗（8～800m³/GWh）比传统天然气的开采水耗（4～100m³/GWh）高（CHANG et al., 2016）。在转换工程中，火力发电厂冷却系统（干式冷却/湿式冷却）的选择需要在大量储备水和大量水资源消耗之间抉择（WALKER et al., 2013），而将油菜籽转换为生物柴油的水耗（400～574m³/GWh）高于甘蔗等能源作物的转换水耗（CHANG et al., 2016）。粮食作物的转换和能源作物的种植均会威胁地区粮食系统和生态系统安全，不仅引起粮食价格上涨（LAL, 2009）、消耗大量淡水资源（谢光辉，2013），还将引起土地沙漠化和土壤次生盐渍化等环境问题（张宝贵和谢光辉，2014）。在气候变化背景下，现有城市基础设施的数量和质量均需进一步提升，以满足输入性能源供给对基础设施可靠性的需求（KENWAY et al., 2011）。

粮食供给包含油盐类、乳类坚果大豆类、动物性食物类、蔬菜水果类和谷薯类五类。根据河北省用水定额（《农业用水定额 第 2 部分：养殖业》DB13/T 5449.2—2021），粮食生产的水耗取决于粮食生产规模、粮食种类、水利设施现状、耕地土壤质地（沙土、壤土、黏土、沼泽土）、种植类型（露地、棚室）、灌溉方式（微灌、沟灌）、养殖方式（散养、集中养殖）；粮食中单位卡路里耗水量随粮食种类变化而变化，比如牛肉为 10.2L/kcal，远高于谷物的 0.51L/kcal（CHANG et al., 2016）。农业生产的能耗主要集中在水资源的供给、粮食收割、食品加工，通过减少农业生产中水资源的损失（采用压力管输水）和粮食损耗可有效减少农业能耗、提升农业用能效率（DECKER et al., 2000；CHAKRABORTI et al., 2023）。粮食供给的种类、能量与水耗如表 3-11 所示。

粮食供给种类、能量与水耗　　　　　　　　　　表 3-11

食物类别	食物品种	单位粮食能量（kcal）	单位能量水耗（L/kcal）
谷薯类	谷类：小麦、稻米、玉米和高粱及其制品	160~180（每 50~60g）	0.5（大米） 0.7（小麦） 0.4（玉米）
	薯类：马铃薯和红薯	80~90（每 80~100g）	—
	杂豆与干豆：红小豆、绿豆、芸豆	—	
蔬菜水果类	蔬菜：花菜类、根菜类、鲜豆类、茄果瓜菜类、葱蒜类、菌藻类等	15~35（每 100g）	1.1~1.6
	水果：仁果、浆果、柑橘类、瓜果、热带水果等	40~55（每 100g）	1.2~2.4
动物性食物类	畜禽肉 1：瘦肉（脂肪含量小于 10%）	40~55（每 40~50g）	1.9~11.8（牛肉） 1.3~3.5（猪肉）
	畜禽肉 2：肥瘦肉（脂肪含量 10%~35%）	65~80（每 20~25g）	0.9~3.7（鸡肉） 0.8~4.2（山羊肉） 2.9~5.6（绵羊肉）
	鱼类	50~60（每 40~50g）	—
	虾贝类	35~50（每 40~50g）	—
	蛋类：鸡蛋、鸭蛋、鹅蛋等	65~80（每 40~50g）	0.9~4.1
乳类坚果大豆类	全脂乳	110（每 200~250mL）	0.7~1.9
	脱脂乳	55（每 200~250mL）	
	大豆类：黄豆、黑豆、青豆及豆制品	65~80（每 20~25g）	
	坚果：花生、杏仁、核桃等	40~55（每 100g）	1（花生）
油盐类	动植物油、食用盐		

数据来源：食物品种和单位粮食能量数据来源于《中国居民膳食指南 2016》；单位能量水耗数据来源于 CHANG et al., 2016，基于水资源足迹法计算了每单位能量蓝水、绿水和灰水的消费量。

3.3.2　"消费侧"作用机制

资源的消费主要聚集于城市化地区，城市资源消费产生空气污染物（SO_2、CO）、固体垃圾和污水（WOLMAN，1965），是现代城市空气污染的首要原因。城市居民消费行为的选择和技术产品的效率影响着资源消费的强度、效率和污染物的排放量（PULLINGER et al., 2013）。粮食消费由动物性食品转向植物性食品、由牛肉转向鸡肉将更有助于实现水资源的节约和生活的可持续（WEBER & MATTHEWS，2008）；热水器、淋浴器、洗衣机的效率提升有助于节约大量的水和能源（REN et al., 2016），但是由于消费的反弹效应，仍需从总量视角系统评价效率提升的影响。污水的回收、处理与再利用需消耗大量电力资源（杨凌波等，2008），污水的直接排放将污染地表水和地下水，需要抽取更深层的地下水以确保供水水质，增加取水工程能耗；在我国目前主流的垃圾处理方式中，高温焚烧不仅需要消耗大量能源将垃圾烘干，还会产生二噁英、二氧化碳等温室气体，而卫生填埋需占用大量城市土地，造成"垃圾围城"的现状，且垃圾填埋场的渗透液和填埋气威胁着地区生态系统的安全（郝晓地等，2017）。由于基础设施的无效率和餐厨垃圾的分离困难（胡新军等，2012），城市餐厨垃圾无法实现合理分类和有效处理，弱化了城市生态系统的碳循环和氮循环，引起地区生态环境的恶化（DECKER et al., 2000）。目前，我国各地正大力推行居民生活垃圾分类行动，若能将家庭餐厨垃圾分离出来，可为我国生物质能的生产提供稳定的原材料，提高我国清洁能源占比，事关广大人民群众生活质量、事关节约使用资源等。

3.4　区域动态–开放体系外围影响机制

外围关联的影响机制聚焦于外围驱动要素对三种资源供需总量、空间分布和相互作用机制的影响，外围驱动要素包括社会要素（人口规模、城镇化和政府政策）、经济要素（经济规模和技术水平）、生态要素（要素条件和环境变迁）、不确定性要素（气候变化），如图3-6所示。

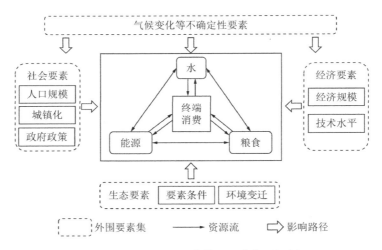

图3-6　外围驱动要素作用及其作用机制

3.4.1　内部社会–经济–生态驱动要素

社会子系统包括人口规模、城镇化和政府政策，聚焦于资源分配公平。人口规模扩大从总量上增加资源需求、生活污水和餐厨垃圾排放量，间接增加城市的水耗与能耗。城镇化从结构上改变城市资源需求，比如城市中产阶级的扩大将增加动物性食品需求量，影响食品生产中的水耗与能耗（HOFF，2011）。但是，人口规模扩大和城镇化均可通过集聚产生规模效益，提高资源利用效率，进而降低资源消耗量。比如，城市统一供水管网可降低分散式供水的损耗量，提高水资源利用效率。在政府政策中，用水定额标准的颁布与施行直接限定城市农业生产、工业生产和居民生活用水量（《农业用水定额　第 2 部分：养殖业》DB13/T 5449.2—2021）；计划生育政策、车辆限购政策通过终端消费影响城市水耗与能耗，而环境保护政策通过控制废弃物排放标准影响水-能源-粮食的生产（李桂君等，2016a）。经济子系统包括经济规模和技术水平，聚焦于资源利用效率。经济规模扩大直接增加工业生产和公共建筑的资源需求，并产生大量空气污染物和温室气体。技术水平和产品效率提升通过促使消费者践行资源节约意愿（PULLINGER et al.，2013）、减少食品损耗（DECKER et al.，2000）降低城市资源消费强度、改变资源供给结构。生态子系统包括要素条件和环境变迁，强调地区资源安全。要素条件代表区域水-能源-粮食的资源禀赋，影响城市资源供给结构和关联点，比如随着水资源禀赋下降，为确保水资源安全，北京市再生水利用规模从 2001 年的 1.5 亿 m³ 增加到 2020 年的 12 亿 m³（HUANG et al.，2023d），与此相对应，北京市水-能源关联点由提水能耗转为制水能耗（章燕喃等，2014）。环境变迁代表区域水、土壤和生态系统适宜性变化，不仅影响区域水-能源-粮食供需总量和作用机制，比如土壤质量下降将增加农业生产中的化肥使用量，还影响着区域社会-经济-环境大系统的阈值。

3.4.2　外部气候-资源驱动要素

气候变化影响着区域水-能源-粮食的供需总量和质量，以及水-能源-粮食耦合系统的反馈结构。在总量上，气候变化所带来的降雨减少，不仅弱化本地资源生产的能力、增加本地资源需求量，引起本地水-能源-粮食供需不匹配（HUSSIEN et al.，2017），还引起城市水-能源-粮食供给结构的改变，比如扩大制水工程在城市供水的比重（WSAA，2009）、增加城市水资源子系统能耗总量。在结构上，气候变化通过改变资源循环路径、空间分布，降低现有基础设施效率，影响水-能源-粮食生产与消费的反馈回路，比如气候变化通过改变自然水循环路径影响水力发电、生产生活用水（姜珊，2017）。除单一极端气候事件的影响外，复合极端气候事件对水-能源-粮食耦合系统的影响也在增强。此类复合风险的影响不容小觑，往往具有来势汹汹、不可预测、缺乏预案等特点，难以像应对单一极端气候事件一样提前做好规划和预案。

3.5　本章小结

本章首先基于水-能源-粮食关联的定义界定区域水-能源-粮食体系三个层面，即核心关联、外围关联、互动关联，以弥补现有研究聚焦于静态－封闭系统、强化供给侧作用机制且未能有效反映资源在人类集聚区加工－转化－消耗特征的不足。其次，借助过程系统工程的思想，从单一资源视角（水、能源和粮食）刻画区域水－能源－粮食耦合系统在供给、消费和废弃物处理过程中三种资源的共演化关系，即水资源视角的共演化、能源视角的共演化和粮食视角的共演化。这与当前单一部门治理体系和我国广泛存在的单一资源系统安全风险相一致，适用于治理存在安全风险的子系统，同时也明确了本书后续实证研究的研究范围和研究指标。基于此，从过程视角（供给－消费）实现水－能源－粮食耦合系统的集成，分析核心关联在生产和消费侧的作用机制以及外围关联的影响机制，为进一步构建地区资源供需一体化模型、分析资源供需矛盾奠定了基础。

第 4 章

区域水–能源–粮食耦合系统 要素相互影响评价①

---

① 本章部分内容已发表于：HUANG D, LI G, SUN C, et al. Exploring interactions in the local water-energy-food nexus (WEF-Nexus) using a simultaneous equations model[J]. Science of the Total Environment, 2020, (703): 135, 34.

第 3 章的协同机理分析有助于在理论上全面认知区域水 – 能源 – 粮食耦合系统的关联关系及关联强度，但是由于实践中存在地理位置、尺度特征、文化观念的差异，基于案例背景简化理论模型、构建符合案例特性和尺度特征的实证模型更具现实意义。本章基于中国的案例实践，采取联立方程的形式，一方面，通过构建子系统结构方程及耦合系统联立方程组，纳入核心关联和外围关联的核心驱动要素，展现我国区域水 – 能源 – 粮食耦合系统的结构；另一方面，通过拟合要素间相互影响强度，定量分析耦合系统结构，为认识系统结构、识别子系统核心影响要素提供借鉴。

4.1　耦合系统要素间相互影响评价的理论框架

4.1.1　要素相互影响评价原理及方法选取

基于前述 3.2 节和 3.4 节的分析可知，水 – 能源 – 粮食耦合系统作为一个开放式复杂系统，子系统（比如水资源子系统）的影响要素不仅来自于核心关联中的关联子系统（即能源和粮食子系统），还来自于外围关联中的人口、气候变化、城镇化等驱动要素。不同要素对子系统的影响强度和影响方向均存在差异，要在相互促进和相互制约的复杂关系中实现均衡，达到子系统要素间的张力协同状态，首先需要进行要素间相互影响的评价。

要素相互影响评价是基于系统行为的认知和系统要素的观测数据，通过科学的方法，拟合要素历史数据，以识别要素间相互影响的方向与强度，为要素间相互影响关系提供定量化认知。复杂系统要素间相互作用的方向和强度决定着系统结构、驱动着系统行为，通过要素相互影响评价，展现要素间相互依赖的程度，为资源系统治理与精准调控提供了抓手。要素间的相互影响方向可通过格兰杰因果关系检验进行判断，并可借助二维关联指标展现关联强度，比如单位配水能耗展现了水 – 能源在水资源配送行为中的关联强度，详见第 3 章；然而，在耦合系统协同发展过程中，尽管序参量支配着系统的发展变化，但是序参量仍受耦合系统要素的影响，通过识别系统要素与序参量间的相互影响方向和强度，可为耦合系统的调控提供帮助。

要素相互影响评价包括相互影响强度和相互影响方向两个方面，在影响强度上，聚焦于资源生产过程中要素间的消耗强度，比如单位 GDP 水耗、单位水资源输送能耗等（姜珊，2017；李泳，2013；CHANG et al.，2016），属于科学层面的解释，有助于了解系统的运行状态和作用机制，可通过消耗强度的改进提升资源系统的效率，与水 – 能源 – 粮食关联的初衷相一致。在影响方向上，格兰杰因果关系检验为两要素间相互影响方向的识别提供了工具，在水-能源-粮食耦合系统研究中，要素间相互影响的研究往往蕴藏于系统结构和关联关系的刻画中，详见 1.3 节和 2.2 节。尽管系统因果关系图和要素层级结构图均能展现要素相互影响的方向，并可通过要素关系的量化实现系统的仿真，为研究系统结构、要素间作用强度、外部事件的冲击奠定了基础（李桂君等，2016a）；但是要素间相互影响方向的识别多基于现有研究成果和主观判断，缺乏历史观测数据的拟合。此外，要从治理的视角，通过序参量的调控实现系统行为的引导，促进要素间的张力协同，仍需进一步评价系统要素对序参量的影响方向和强度，而不是只停留于科学层面要素消耗强度的测算。

因此，本章将致力于构建水-能源-粮食耦合系统的联立方程模型，运用结构化方程的形式，展现水-能源-粮食耦合系统的结构，以及系统要素对子系统序参量的影响强度与方向。在现有研究中，由于关联关系量化存在方法论层面的障碍（CHANG et al.，2016），虽然运用方程的形式展现水-能源-粮食耦合系统结构的研究正逐步增多，但研究深度仍不足以阐释耦合系统关联结构，而是基于系统关联的假设，选取相应的关联点链接各个子系统，量化研究的重点在于通过局部要素量化的集成，实现系统整体最优化，比如流域尺度的最优化模型（彭少明等，2017）、地区尺度的生产系统最优化模型（LEUNG PAH HANG et al.，2016）。

4.1.2　要素相互影响评价实施步骤

联立方程模型在经济系统中获得广泛应用，在过程系统工程中，联立方程也是展现系统结构的方式之一（杨友麒和成思危，2012a），但是其主要应用于制造业、供应链和化工系统。GALDEANO-GÓMEZ et al.（2017）将联立方程模型应用于农业可持续发展的评价中，从社会、经济与环境三个方面构建了三个子系统结构方程，共同构成了农业可持续发展系统的方程组，并通过观测数据的拟合测算了要素相互影响的方向与强度。本章通过系统要素历史观测数据的收集，从数据上拟合与分析系统要素相互影响的方向与强度，具体包括四个步骤：确定系统边界、识别系统要素及影响关系、构建联立方程模型、指标选取与模型拟合。

首先，确定系统边界。系统边界确定是复杂系统研究的起点，系统边界划定了研究对象的影响范围，与研究尺度密切相关，区域尺度系统边界界定详见 2.1 节。由于水-能源-粮食耦合系统的尺度特征和地方特性，子系统序参量的影响要素和影响方向也随着研究对象和研究尺度的变化而变化，因此，构建具有尺度特征的概念框架、展现固有关联是联立方程设立的前提。

其次，识别系统要素及影响关系。现有研究往往通过文献回顾、专家访谈、利益相关者座谈等方式识别耦合系统中的要素、要素间的影响关系和反馈回路等，并运用因果回路图和层级结构图的形式展现系统要素及影响关系（LI et al.，2019a）。其中，文献回顾是获取要素总集合的有效途径，案例研究和利益相关者座谈有助于从要素总集合中挑选具有尺度和地方特性的要素，专家访谈或半结构化访谈是确保要素表述准确、可理解的必要途径。

再次，构建联立方程模型。基于系统要素和关联关系的识别，选取子系统序参量并建立子系统结构方程，进而构建耦合系统联立方程，比如 GALDEANO－GÓMEZ et al.（2017）在农业可持续发展系统中，构建了以子系统综合发展指数为因变量、影响要素为自变量的三个子系统结构方程。尽管子系统结构方程仍以线性方程的形式呈现，但是可通过共同影响要素的设置，展现子系统间的关联关系、耦合系统的反馈回路，比如在 GALDEANO－GÓMEZ et al.（2017）的方程中，经济和环境子系统的综合发展指数均被作为社会子系统的影响要素纳入社会子系统结构方程，体现子系统间的相互依赖性。

最后，指标选取与模型拟合。基于数据的可获取性，为已识别的系统要素选取具有可操作性的评价指标及其备选指标，并借助广义矩估计、工具变量法等技术对联立方程模型进行估计，拟合要素间的相互影响关系。当拟合结果通过工具变量有效性、模型内生性等检验之后，将拟合结果与理论模型相匹配，并基于案例研究的结果分析两者间的差异，确保理论模型的合理性；否则，再利用备选指标进行拟合，直至理论模型与拟合结果相一致。

4.1.3　要素相互影响评价指标体系构建

基于 4.1.2 节所阐述的应用步骤，第一步系统边界界定和第二步系统要素识别详见第 3 章。要实现水－能源－粮食耦合系统联立方程的设立，仍需要识别子系统结构方程中的序参量及序参量的影响因素。

1. 评价指标体系建立的原则

相互影响评价的目的是通过对可靠的历史数据进行计算、分析和拟合，以获取能客观反映系统发展状态的有效信息，为此，指标体系的构建和具体指标的选取应遵循科学性、系统性、代表性、可获取性的原则。

首先，科学性原则是指标体系构建的宏观指导思想，即指标的选取不能与公认的、经过实践检验的科学原理相违背，还要确保指标和数据客观、真实地反映研究对象的现实状况和发展趋势。最重要的是，指标选取要在既定的概念框架中选取，所选取的指标能真实反映、全面展现概念框架的全貌。

其次，系统性原则是指标体系构建的整体性要求，所选取的指标需要涵盖评价对象的所有核心组成部分，且指标之间需具有内在的逻辑关系，即需以理论分析结果为基础，避免实践中因指标的相关性而带来的不完整性。总而言之，各指标将形成一个完整的、不可分割的整体，指标间的关系既相互独立又相互关联。

再次，代表性原则是指标体系构建的个体性要求，实践中从不同维度、不同视角反映研究对象状况的指标数不胜数，通过选取代表性指标，既满足系统性要求下的面面俱到，又可避免指标体系过于繁琐、相互重叠。代表性也是协同论的内在要求，因为协同变化的结果往往是在序参量的作用下形成的，序参量即为系统中极具代表性的指标。

最后，可获取性原则是实现指标体系由理论向实证转变的关键，是指所选取的指标需与当前成熟的、权威的统计数据相符合，以便获取客观、真实、可靠的统计数据。当前，数据缺失、数据统计口径不统一已成为水–能源–粮食耦合系统研究的障碍，所以除了实地调研、问卷调查等传统方式获取数据外，部分研究开始尝试使用遥感数据，为解决数据障碍提供了新方向。

2. 子系统结构方程序参量选取

子系统结构方程的序参量是指能够驱动子系统发展变化的关键性要素，尽管不同子系统的序参量不一样，但是作为一个耦合系统，子系统序参量间存在着直接或间接的相互作用关系。

在水资源子系统中，水–能源–粮食间的关联关系主要体现于水资源的生产过程以及污水处理过程，但是单就水资源子系统而言，驱动水资源供给和污水处理关联关系的序参量为水资源的消费量。在供给上，水资源广泛存在于自然环境中，无论是取水工程、制水工程，还是调水工程，均是为了满足人类生产生活的需要；如果人类活动对水资源的需求量增加，则水资源供给过程的水–能源关联强度将上升，但是无论如何，以需求定供给是目前水资源系统的运行现状。在中国水资源公报等公开统计数据中，水资源的消费量始终等于水资源的供给量，且其涵盖了水资源供给过程中的损耗。在污水处理过程中，由于基础设施和统计方法的不足，城市生活污水的排放量是基于城市人口规模的估算值，在一定程度上反映了地区的污水排放量；但是污水排放量的大小除了与人口规模相关外，水资源的消费量是不可忽视的因素，因为人类活动对水资源的消费是污水产生的根源。此外，城市作为资源消费的主要场所，水资源是主要的消费资源和约束性资源，现行政策中"以水定城、以水定地、以水定人、以水定产"的原则，强调把水资源作为最大的刚性约束，体现了水资源及水资源消费规模的重要性。基于此，本研究选取年度水资源消费总量（量纲：亿 m³）作为水资源子系统的序参量。

在能源子系统中，与水资源子系统"以需求定供给、消费越多废弃物越多"的现状相似，本研究将选取年度能源消费总量（量纲：t 标准煤）作为能源子系统的评价指标或序参量。原因还在于二次能源的难以储存性，尽管煤炭、石油和天然气等一次能源均可通过特定的基础设施进行存储，且适当的能源储备有助于确保国家经济社会的持续发展，但是电力、热力等重要的城市二次能源却难以存储，故电力生产量也需基于地区电力需求。如果电力生产与需求不匹配则会产生"弃风限电"的现象，即风力发电的风机正常运转、风电机组停止运作的现象。煤炭生产量的变化也和煤炭需求量的变化相一致，当经济形势趋好，工厂开工率高，煤炭需求增加将刺激煤炭的开采量，反之，则抑制煤炭开采量。由此可知，煤炭消费量是主导煤炭子系统变化的序参量。

在粮食子系统中，与水资源和能源子系统不同，粮食子系统的关联关系主要体现于粮食的供给过程，即粮食产出与水-能源消费间的关联，因此，粮食产量将作为粮食子系统序参量驱动着粮食子系统的关联并确保地区粮食供给的安全。一方面，粮食生产需要占据大量土地并消耗大量水资源，这与当前快速城镇化进程中城市规模的迅速扩张相矛盾，城镇化进程将造成大量耕地被占用，引发"人-地"矛盾，威胁着地区粮食生产的安全；由此可知，快速城镇化背景下，粮食产量可被视为粮食子系统的慢变量、确保粮食安全的序参量。另一方面，粮食作为一种易于储存、便于贸易的商品，尽管在贸易过程中实现了全球水资源和土地资源的再分配，但是地区粮食供给的脆弱性也随贸易依赖性增强而上升，对国际市场的政策变化、价格变化更敏感，比如 2007—2008 年受欧美次贷危机和生物能源政策的影响，国际粮食市场动荡、粮食价格暴涨，导致世界饥饿人口数量增加了 7500 万，世界范围内超过 1 亿人口面临粮食短缺的危机（罗叶，2012）。因此，要实现本地粮食供给的稳定性，需稳定本地粮食产量，以控制粮食供给的外部依赖性，由此可知，在粮食供给过程中本地粮食产量应作为受保护的变量，故本书选取地区年度粮食总产量（量纲：t）作为粮食子系统的序参量。

3. 子系统序参量影响要素识别

基于 3.2～3.4 节的论述可知，水资源消费量、能源消费量和粮食生产量作为三大子系统的序参量广受系统要素的影响，如表 4-1 所示，具体要素的影响路径、方向等，请参考第 3.2～3.4 节。

水-能源-粮食耦合系统序参量及其影响要素　　　　　　　　　　表 4-1

核心子系统	序参量	影响要素	关联子系统
水资源	水资源消费量	农业活动	粮食
		工业活动	能源、水
		环境保护	环境
		居民生活	社会
		水资源禀赋	环境、水
		投资活动	经济
能源	能源消费量	农业活动	粮食
		工业活动	能源、水
		公共建筑	社会
		居民建筑	社会
		交通运输	社会
		水资源禀赋	环境
		投资活动	经济

核心子系统	序参量	影响要素	关联子系统
粮食	粮食生产量	土壤质量	环境、能源
		耕地面积	社会、粮食
		气候变化	环境
		经济规模	经济
		水资源消费	水
		投资活动	经济

4.2 耦合系统要素间相互影响评价模型的构建

4.2.1 联立方程模型原理

方程组、因果关系图和层级结构图是刻画系统结构的三种有效方式（MCLEAN & SHEPHERD，1976）。与因果关系图和层级结构图相比，方程组的形式不仅能展现子系统的行为特征，更能显示要素间相互影响的强度与方向。如果方程组中的被解释变量（因变量）同时也作为关联方程的解释变量（自变量），即被解释变量与解释变量间存在相互依赖关系，那么此类方程组可称为联立方程模型（WOOLDRIDGE，2012）。联立方程模型已被广泛应用于经济系统（WOOLDRIDGE，2012）、城市系统（GREENWOOD，1975）和可持续发展系统（GALDEANO－GÓMEZ et al.，2017）的研究中，是刻画要素间相互作用强度、识别子系统间张力协同效应的可行方式。由于水－能源－粮食关联的复杂性以及关联关系量化存在的障碍，子系统视角的线性假定，即假设子系统序参量与影响要素间存在着线性关系，有助于降低关联关系的复杂性、聚焦要素间的相互作用，还可为关联关系量化奠定基础。因此，本章的联立方程模型以单方程的线性假设为基础，用矩阵的方式可将单方程的表达式简述如公式(4-1)所示（GREENE，2007；GALDEANO－GÓMEZ et al.，2017）。

$$Y_t \boldsymbol{\Gamma} + X_t \boldsymbol{B} + \mu_t = 0; t = 1,2,\cdots,T \tag{4-1}$$

式中：Y和X分别为子系统的被解释变量和解释变量；t为子系统变化的时间范围；$\boldsymbol{\Gamma}$和$\boldsymbol{B}$分别为被解释变量和解释变量的系数矩阵，系数值的大小代表要素间相互影响的强度，系数值的正负性代表要素间相互影响的方向；μ为方程的误差项，代表未被纳入方程的遗漏影响要素集合。在水－能源－粮食耦合系统要素相互影响评价中，Y的集合由水、能源和粮食三个子系统的序参量构成，即水资源消费量、能源消费量和粮食生产量；X作为Y的影响要素，其集合由核心子系统和外围关联的影响要素构成，详见表4-1。

基于此，可构建水－能源－粮食耦合系统联立方程模型，如公式(4-2)所示。

$$\begin{cases} W_t = f_1(E_t, F_t, X_{wt}) \\ E_t = f_2(W_t, F_t, X_{Et}) \\ F_t = f_3(W_t, E_t, X_{Ft}) \end{cases} \tag{4-2}$$

公式(4-2)包括水资源方程(W)、能源方程(E)和粮食方程(F)，$f(\cdots)$为方程的转换形式或类型，本章中假定其为线性方程的形式。基于表 4-1，在水资源方程中，水资源消费量不仅受粮食生产和能源消费量的影响，还受火力发电量、人口、环境和投资活动等要素的影响；在能源方程中，能源消费量既受到水资源消费量和粮食生产量的影响，还受到产业结构、交通运输及污水处理能力和污水处理量的作用；在粮食方程中，水资源消费量和能源消费量作为重要的投入变量，同时还受土壤质量、城镇化、经济规模、自然灾害等要素的影响，另外，虽然能源作为粮食生产的必要投入可以提升粮食产量，但是化石能源消费所产生的废气将降低粮食产量。

4.2.2　联立方程模型估计

在联立方程模型中，由于部分方程的因变量（被解释变量）被作为关联方程的自变量，导致该方程出现随机解释变量问题，即方程自变量与随机误差项相关，无法直接采用最小二乘估计法（OLS）。在计量经济学中，联立方程模型的估计方法分为两大类，单方程估计法和系统估计法（陈强，2010），其中，前者包括最小二乘估计法、间接最小二乘法、工具变量法和二阶段最小二乘法等，后者包括三阶段最小二乘法、广义矩估计法等。在广泛应用的工具变量法、二阶段最小二乘法、三阶段最小二乘法和广义矩估计法中，二阶段最小二乘法是联立方程模型估计中被最普遍应用的一种单方程估计法（GREENE，2007）。二阶段最小二乘法最早由 BASMANN（1957）提出，适用于恰好识别和过度识别的结构方程（方程的识别性详见 4.2.3 节），其每次只估计联立方程模型中的一个结构方程并拟合出该方程的结构参数，逐步实现联立方程模型中所有方程的估计和所有结构参数的拟合。二阶段最小二乘法在理论上可认为是工具变量法与间接最小二乘法的集成，顾名思义，"二阶段"包含工具变量构建和结构方程拟合两个步骤。

将公式(4-1)具体化，假设联立方程模型中 Y_1 结构方程如公式(4-3)所示。

$$Y_1 = \beta_2 Y_2 + \beta_3 Y_3 + \alpha_1 X_1 + \alpha_2 X_2 + \cdots + \alpha_k X_k + \mu_t \tag{4-3}$$

Y 向量中的要素 (Y_1, Y_2, Y_3) 在公式(4-3)中不仅作为结构方程中的因变量（Y_1），还作为结构方程的自变量 (Y_2, Y_3)，符合联立方程模型中结构方程的特征；X 向量中包含 k 个自变量。在 Y_1 结构方程中，因变量（Y_1）与随机误差项（μ_t）相关，在联立方程模型中，因变量（Y_1）往往作为自变量出现于 Y_2 和 Y_3 的结构方程中，故可认为 Y_1 结构方程中的自变量 Y_2 和 Y_3 与随机误差项 μ_t 相关，不满足最小二乘估计"自变量与随机误差项不相关"的条件。因此，在二阶段最小二乘估计法的第一阶段，通过构建工具变量以降低自变量与随机误差项的相关性。

在工具变量构建阶段，工具变量的核心要义是与结构方程中作为自变量的 Y 向量密切相关（即"来帮忙"）、与结构方程中的随机误差项不相关或相关性很低（即"不添乱"）。在二阶段最小二乘法估计的实践中，往往以联立方程模型中的所有前定变量（自变量和滞后因变量）为总集合，通过最小二乘法构建前定变量与Y向量之间的线性组合作为Y向量的估计值或工具变量（$\hat{Y}$），如公式(4-4)所示。一方面，此工具变量作为前定变量的线性组合，与被估计结构方程的随机误差项不相关；另一方面，此工具变量充分利用了前定变量的信息，可认为与Y向量密切相关。

$$\begin{cases} \hat{Y}_2 = \hat{\chi}_{21}X_1 + \hat{\chi}_{22}X_2 + \cdots + \hat{\chi}_{2k}X_k \\ \hat{Y}_3 = \hat{\chi}_{31}X_1 + \hat{\chi}_{32}X_2 + \cdots + \hat{\chi}_{3k}X_k \end{cases} \tag{4-4}$$

在结构方程拟合阶段，用$Y_2 = \hat{Y}_2 + \varepsilon_2$和$Y_3 = \hat{Y}_3 + \varepsilon_3$分别替代公式(4-3)中的相应自变量，如公式(4-5)所示，剔除自变量与随机误差项的相互影响之后，即可运用最小二乘法对公式(4-5)进行拟合，进而得到结构方程Y_1的参数估计值，即要素间的相互影响强度与方向。因为新的随机误差项作为联立方程模型随机误差项的线性组合，仍然满足最小二乘法零均值、同方差、非序列相关的假定。

$$\begin{cases} Y_1 = \beta_2\hat{Y}_2 + \beta_3\hat{Y}_3 + \alpha_1X_1 + \alpha_2X_2 + \cdots + \alpha_kX_k + \mu_t^* \\ \mu_t^* = \mu_t + \beta_2\varepsilon_2 + \beta_3\varepsilon_3 \end{cases} \tag{4-5}$$

4.2.3 模型有效性检验的方法

基于模型的线性假定和模型估计方法的内在要求，所构建的联立方程模型与所采用的数据集合，在模型拟合之前和模型拟合之后均需要通过有效性检验，以确保数据满足模型基本假设，确保模型的可靠性和精确性。有效性检验为评判模型的性能（可靠性和精确性）提供了可参考的标准，是在合理的理论假定基础上对模型的精确性描述。联立方程模型的有效性检验聚焦于数据的平稳性、工具变量的有效性、自变量的多重共线性、自变量与随机误差项间的相关性（GALDEANO-GÓMEZ et al., 2017）。在模型拟合之前，不仅需要对所采取的数据进行平稳性检验，以防止出现伪回归的现象，还需要对联立方程模型中每个结构方程的可识别性进行评估。在模型拟合之后，需要分别检验工具变量和待估方程的内生性，实践中内生性问题总是不可避免，并会引起结构方程参数估计的非一致性。

首先，数据平稳性检验。数据平稳性检验通常采用数据序列的单位根检验，因为可以证明如果数据序列中存在单位根过程，可认为此数据序列是不平稳的。面板数据的单位根检验方法包括：LLC检验、Breitung检验、Hadri检验、IPS检验、Fisher-ADF检验等（STATACORP，2017）。其中，LLC检验、Breitung检验、IPS检验、Fisher-ADF检验的原假设认为面板数据中含有单位根，如果每一个指标的检验值（比如LLC值）在1%、5%或10%的概率下可拒绝原假设，即面板数据中不含单位根，则可认为该指标的面板数据是平稳的。

其次，方程可识别性评估。方程可识别性是指所构建的结构方程在联立方程模型中是否可识别，即结构方程的参数是否是唯一值，就结构方程而言，①如果结构方程不可被估计，则认为该方程是不可识别方程；②如果结构方程可以被估计且具有唯一的参数矩阵，则认为该方程是恰好识别方程；③如果结构方程可以被估计且不具有唯一的参数矩阵，则认为该方程是过度识别方程。与之相对应，就联立方程模型而言，如果联立方程模型中存在不可识别方程，则该模型不可识别；只有所有结构方程都恰好识别才认为可识别的联立方程模型为恰好识别，否则可认为过度识别。具体而言，结构方程识别性的判断方法包括阶条件和秩条件（GREENE，2007；陈强，2010），阶条件是可识别性的必要非充分条件，即联立方程模型中，如果某结构方程可识别，则满足条件"不包含于该结构方程中的前定变量（包括滞后变量和外生变量）个数不少于联立方程模型所包含的内生变量个数（Y 向量个数或结构方程个数）减 1"；秩条件是充分必要条件，即如果某结构方程可识别，则满足条件"不包含在该结构方程中的变量参数矩阵的秩等于结构方程个数减 1"。实践中，先用阶条件判断结构方程是否可识别，若阶条件不成立，则结构方程不可识别；在阶条件成立的前提下，再用秩条件判断是否可识别，如果秩条件不成立，则结构方程不可识别；在秩条件成立的前提下，再运用阶条件去判断是过度识别还是恰好识别。

再次，工具变量有效性检验。工具变量选取的目的是解决联立方程模型的内生性问题，即结构方程中自变量与随机误差项的相关性、自变量间互为因果。故需要对所选取的工具变量进行有效性检验，以确保工具变量符合模型内生性要求。在过度识别的方程中，运用 Sargan 系数和 Basmann 系数进行判断，两者的原假设均为工具变量是有效的，即工具变量是外生的且与误差项不相关；如果两个系数的值在 1%、5% 或 10% 的概率下拒绝原假设，则可认为该工具变量是无效的（GREENE，2007）。

最后，待估方程内生性检验。结构方程中的变量可分为内生变量和外生变量两类，前者是指与随机误差项相关的变量，后者是指与随机误差项不相关、由模型以外的因素决定的变量。在执行最小二乘法回归时，需要确保结构方程中的自变量均为外生变量，否则将获得非一致的估计量。在运用二阶段最小二乘法对结构方程进行估计之后，可用 Durbin 系数和 Wu-Hausman 系数检验该结构方程的内生性，两者的原假设均为结构方程中的自变量是外生变量。如果两个系数值显著，即 p 值小于 0.01、0.05 或 0.1，则应拒绝原假设，该结构方程可被认为是内生的，具有内生性。

4.3 耦合系统驱动要素间相互影响评价的实证

4.3.1 评价数据集建立

基于表 4-1，可知子系统序参量的影响要素，而影响要素评价指标的选取需基于水－能源–粮食耦合系统的尺度特征和地方性特征，以及现有权威统计数据库中评价指标数据的可获取性。因此，实践中评价指标的选取包括了直接评价指标和间接评价指标，比如水资源总量是反映水资源禀赋现状的直接评价指标、亩均化肥施用量是土壤质量的间接评价指标，序参量为水资源消费量（W_C）、能源消费量（E_C）和粮食生产量（F_P），如表4-2所示。

影响因素指标的选取与阐释　　　　　　　　　　表 4-2

序参量（因变量）	影响要素	评价指标（自变量）	指标阐释	量纲
W_C, E_C	农业活动	粮食产量（F_P）	种植业的粮食总产量	t
	水资源禀赋	水资源总量（TWR）	地表水和地下水资源总量	m^3
W_C, E_C, F_P	工业活动	地下水抽取量（TGP）	提水工程中的地下水抽取总量	m^3
W_C	农业活动	有效灌溉面积（EIA）	在正常年景内能满足灌溉需要的耕地面积	khm^2
	工业活动	火力发电量（TG）	火力发电厂所生产的电力资源	kWh
	投资活动	水利、环境和公共设施管理业投资额（WEPI）	水资源管理、市政设施、环境卫生管理业的年度投资额	亿元
	投资活动	采矿业投资额（MII）	采矿业是指对固体、液体或气体等自然产生的矿物的采掘	亿元
	环境保护	城市绿地面积（UGL）	城市绿地包括公园绿地、生产绿地、防护绿地等	hm^2
	居民生活	城镇人口（UP）	城镇常住人口规模	万人
	环境保护	废气排放量（WGE）	SO、CO等废气的排放总量	t
E_C	交通运输	千人汽车拥有量（VV）	城市总人口中，每千人拥有的汽车数量	辆/千人
	公共建筑	上年度商业建筑竣工面积（CACB）	间接评价指标：本年度新增的商业建筑面积，衡量能源消费量	m^2
	工业活动	二产占比（SIR）	第二产业产值占地区GDP比重	%
	居民生活	总人口（TP）	城市总人口（城镇和农村）	人
E_C, F_P	环境保护	污水处理能力（WWTC）	每天最大污水处理量	t/d
	土壤质量	亩均化肥施用量（CFSA）	间接评价指标：评价土壤质量	t/亩
	投资活动	电力、热力、燃气和水的供应以及生产业投资额（PTWI）	城市在电力生产，热力、燃气和水的生产与供应，污水处理等的投资额	亿元
F_P	投资活动	农林牧副渔业投资额（AFAFI）	城市在农业、林业、畜牧业、渔业等活动的投资额	亿元
	水资源消费	W_C	地区水资源消费总量	m^3
	气候变化	受灾面积（DA）	农作物的受灾害面积	hm^2
		平均降雨量（AP）	各地区的年度平均降雨量	mm
	经济规模	人均国内生产总值（AGDP）	城市GDP与常住人口的比值	%
	耕地面积	播种面积（CSA）	农作物播种面积	hm^2

注：本表指标基于 HOFF（2011）、LI et al.（2016，2019a）、GALDEANO–GÓMEZ et al.（2017）文献的整理。

为聚焦于要素间相互影响强度的阐释，本章运用对数的形式对评价指标进行预处理，一方面，对数形式的回归结果与弹性定义相一致，即自变量变动 1%，因变量将同步变动 $\alpha\%$，α 为自变量拟合系数，有助于增强相互影响强度的阐释、弱化计量单位的影响；另一方面，通过对数的形式，不仅不改变数据的性质与相关关系，还有助于增强数据的平稳性。基于表 4-2，可进一步将公式(4-2)具体化为公式(4-6)。

$$\begin{cases} \ln(\text{W\_C}_t) = \alpha_0 + \alpha_1 \ln(\text{F\_P}_t) + \alpha_2 \ln(\text{TWR}_t) + \alpha_3 \ln(\text{TG}_t) + \alpha_4 \ln(\text{TGP}_t) + \\ \qquad \alpha_5 \ln(\text{EIA}_t) + \alpha_6 \ln(\text{WEPI}_t) + \alpha_7 \ln(\text{MII}_t) + \alpha_8 \ln(\text{UGL}_t) + \\ \qquad \alpha_9 \ln(\text{UP}_t) + \alpha_{10} \ln(\text{WGE}_t) + \mu_{\text{w}} \\ \ln(\text{E\_C}_t) = \beta_0 + \beta_1 \ln(\text{F\_P}_t) + \beta_2 \ln(\text{TWR}_t) + \beta_3 \ln(\text{VV}_t) + \beta_4 \ln(\text{TGP}_t) + \\ \qquad \beta_5 \ln(\text{CACB}_t) + \beta_6 \ln(\text{SIR}_t) + \beta_7 \ln(\text{WWTC}_t) + \beta_8 \ln(\text{CFSA}_t) + \\ \qquad \beta_9 \ln(\text{TP}_t) + \beta_{10} \ln(\text{PTWI}_t) + \mu_{\text{E}} \\ \ln(\text{F\_P}_t) = \chi_0 + \chi_1 \ln(\text{W\_C}_t) + \chi_2 \ln(\text{CFSA}_t) + \chi_3 \ln(\text{DA}_t) + \chi_4 \ln(\text{TGP}_t) + \\ \qquad \chi_5 \ln(\text{AGDP}_t) + \chi_6 \ln(\text{CSA}_t) + \chi_7 \ln(\text{WWTC}_t) + \\ \qquad \chi_8 \ln(\text{AFAFI}_t) + \mu_{\text{F}} \end{cases} \quad (4\text{-}6)$$

基于公式(4-6)可知，水-能源-粮食耦合系统联立方程模型共包含 3 个结构方程、3 个内生变量，每个结构方程均包含 2 个内生变量；由表 4-2 中序参量列可知，只影响序参量 W_C、E_C 和 F_P 的要素至少为 4 个，故可认为每一个结构方程中前定变量（此联立方程模型中均为外生变量）的个数均不少于 4 个，结构方程均满足阶条件。在秩条件中，联立方程模型共包含 22 个自变量、3 个因变量，对水资源方程而言，不包含于水资源方程的变量共 14 个，其中 8 个分布于能源方程、6 个分布于粮食方程，由此可知其秩为 2，等于结构方程个数减 1，故认为水资源方程是可识别的方程。再由"前定变量个数大于内生变量个数减 1"的阶条件可知，水资源方程为过度识别方程。依此步骤，可判断能源方程和粮食方程均为过度识别方程。因此，水-能源-粮食耦合系统的联立方程模型为过度识别模型。

4.3.2　数据来源、预处理及稳定性检验

表 4-2 所列评价指标的数据来源包括：《中国统计年鉴（2005—2017 年）》《中国能源统计年鉴（2005—2017 年）》《中国房地产统计年鉴（2005—2016 年）》《中国农村统计年鉴（2005—2017 年）》，同时，借助部分地区 2005—2017 年的水资源公报和地方统计年鉴对数据集进行完善。其中，亩均化肥施用量是指各个地区年度化肥施用量与当年该地区年度农作物播种面积的比值，故需在公开统计数据系统中采集化肥施用量和农作物播种面积的数据以计算评价指标"亩均化肥施用量"的数值。最终形成的面板数据集包括中国 30 个省级行政区共 12 年（2005—2016 年）的统计数据；面板数据集的描述性统计特征如表 4-3 所示。

面板数据集（评价指标）的描述性统计特征 表 4-3

评价指标	样本量	均值	方差	最小值	最大值
ln(W_C)	360	5.006	0.816	3.106	6.382
ln(E_C)	360	9.237	0.71	6.712	10.569
ln(F_P)	360	7.107	1.164	3.994	8.805
ln(TWR)	360	5.993	1.454	2.131	7.98
ln(TG)	360	6.689	0.889	4.019	8.545
ln(TGP)	360	2.724	1.525	−3.538	5.122
ln(EIA)	360	7.228	1	4.856	8.688
ln(WEPI)	360	6.189	1.088	2.553	8.183
ln(MII)	360	4.863	1.6	−2.676	7.184
ln(UGL)	360	10.767	0.907	7.796	13.023
ln(UP)	360	7.491	0.751	5.362	8.937
ln(WGE)	360	4.519	0.886	1.327	5.809
ln(VV)	360	6.359	0.749	4.654	8.177
ln(CACB)	360	7.5897	0.901	3.899	9.407
ln(SIR)	360	3.834	0.203	2.96	4.119
ln(WWTC)	360	5.683	0.947	2.140	7.62
ln(CFSA)	360	5.815	0.344	4.984	6.458
ln(TP)	360	8.171	0.747	6.297	9.306
ln(PTWI)	360	5.854	0.761	3.075	7.639
ln(AFAFI)	360	5.236	1.228	1.373	7.719
ln(DA)	360	6.41	1.744	−4.605	8.908
ln(AP)	360	6.665	0.67	4.97	7.825
ln(AGDP)	360	10.325	0.622	8.59	11.68
ln(CSA)	360	8.202	1.068	5.02	9.58

注：本表指标统计特征中的最小值显示为负数，表明该指标的原始值小于1。

在建立评价指标数据集之后，需要对评价指标的数据序列进行平稳性检验，确保所选用的评价指标均满足平稳性要求，也是降低伪回归出现概率的重要手段。基于 4.2 节所阐释的单位根检验方法，LLC 检验方法更适合中等水平的样本量且样本内个体具有同质性属性的样本集合（谷安平和史代敏，2010），因此，本章将计算评价指标的 LLC 值，并根据其调整后的 t 值判断评价指标的平稳性。在 LLC 检验中，滞后期的选取是基于 AIC（Akaike Information Criterion）准则，即选取回归模型中具有最小 AIC 值的滞后期（STATACORP，2017），lags(aic#)。基于此，方差膨胀因子（ADF，Augmented Dickey-Fuller）在 LLC 检验中的滞后期（# = 4）作为本次 LLC 检验的首选滞后期。4 期滞后的 LLC 检验结果显示：所有评价指标对数形式的 LLC 值在 1%或 10%的显著性水平下均显示评价指标序列的平稳性，可认为面板数据集具有数据平稳性，如表 4-4 所示。

评价指标平稳性检验 LLC 值　　　　　　　　　　　　　　表 4-4

评价指标	调整后的 t 值	评价指标	调整后的 t 值	评价指标	调整后的 t 值
ln(W_C)	−9.3748***	ln(MII)	−61.4903***	ln(CFSA)	−8.5942***
ln(E_C)	−22.5392***	ln(UGL)	−23.9828***	ln(TP)	−5.3938***
ln(F_P)	−2.9974***	ln(UP)	−6.9158***	ln(PTWI)	−30.094***
ln(TWR)	−9.3178***	ln(WGE)	−1.6146*	ln(AFAFI)	−2.6432***
ln(TG)	−240***	ln(VV)	−45.7801***	ln(DA)	−39.0038***
ln(TGP)	−88.6763***	ln(CACB)	−5.5679***	ln(AP)	−16.7738***
ln(EIA)	−24.0727***	ln(SIR)	−15.1886***	ln(AGDP)	−660***
ln(WEPI)	−2.4644***	ln(WWTC)	−22.1068***	ln(CSA)	−11.922***

注：***代表显著性水平为 1%；*代表显著性水平为 10%。

4.3.3　模型求解及有效性检验

基于前述的分析与检验，本书将采用二阶段最小二乘法对水－能源－粮食耦合系统联立方程模型中结构方程的参数进行估计。在工具变量构建阶段，水资源方程和粮食方程分别作为内生变量嵌入"粮食方程"和"水资源方程与能源方程"，需要构建恰当的工具变量来处理联立方程模型的内生性。基于粮食方程的特征、水－能源方程的特点，以及 3.4 节"单一资源视角的共演化"分析，选取了农作物播种面积（CSA）、受灾面积（DA）、亩均化肥施用量（CFSA）、各省平均降雨量（AP）四个变量构建粮食生产量（F_P）的工具变量；以同样的方式，选取了有效灌溉面积（EIA）、城市绿地面积（UGL）、水资源总量（TWR）和城市总人口（TP）四个变量构建了水资源消费量（W_C）的工具变量。在结构方程拟合阶段，运用最小二乘法对结构方程进行逐个回归，基于 Stata15.1 的测算结果，如表 4-5 所示。

水－能源－粮食耦合系统联立方程模型估算结果（2SLS 法）　　　表 4-5

解释变量	内生变量		
	水资源方程ln(W_C)	能源方程ln(E_C)	粮食方程ln(F_P)
常数	−2.818***	0.8499** (0.021)	−3.5385***
ln(W_C)			−0.105***
ln(E_C)			
ln(F_P)	−0.303***	−0.0681***	
ln(TWR)	0.1322***	−0.0901***	
ln(TG)	−0.0985***		

解释变量	内生变量		
	水资源方程ln(W_C)	能源方程ln(E_C)	粮食方程ln(E_P)
ln(TGP)	−0.1058***	0.0591***	0.055***
ln(EIA)	1.0426***		
ln(WEPI)	−0.0561* (0.06)		
ln(MII)	−0.101***		
ln(UGL)	0.4436***		
ln(UP)	−0.2602***		
ln(WGE)	0.1369***		
ln(VV)		0.1978***	
ln(CACB)		0.0468** (0.045)	
ln(SIR)		0.6986***	
ln(WWTC)		0.1471***	0.091***
ln(CFSA)		−0.3129***	−0.08** (0.016)
ln(TP)		0.5815***	
ln(PTWI)		0.2032***	
ln(AFAFI)			−0.0482***
ln(DA)			−0.019** (0.032)
ln(AGDP)			0.186***
ln(CSA)			1.149***
样本量	360	360	360
R_2	0.8916	0.9309	0.9826
Wald Chi2	2950.19*** (0.000)	4849.11*** (0.000)	16657.32*** (0.000)
Sargan test	3.8 (0.2829)	3.5264 (0.1715)	4.72688 (0.1929)
Wu-Hausman test	0.0107 (0.9175)	0.825819 (0.3641)	1.26489 (0.2615)

注：***代表显著性水平$p < 0.01$；**代表显著性水平$p < 0.05$；*代表显著性水平$p < 0.1$。

首先，工具变量和方程内生性检验。基于表4-5的计算结果可知，水资源方程的Sargan系数和Wu-Hausman系数分别为3.8和0.0107，括号内的显著性水平均大于10%，均无法拒绝原假设，即"工具变量是有效的"和"结构方程中自变量均是外生的"，可认为水资源方程的工具变量有效和自变量外生。同理，可判断出能源方程和粮食方程的工具变量是有效的，且方程的自变量均满足外生性要求。其次，在表4-5中，评价指标的估计系数值为正数,表明解释变量与被解释变量之间为促进关系,比如在水资源方程中,水资源总量(TWR)的系数估计值为 0.1322,表明"如果水资源总量增加 1%,那么水资源消费量将上升 0.1322%";同理,评价指标的估计系数值为负数,表明解释变量与被解释变量之间为制约关系,比如在水资源方程中,粮食生产量(F_P)的系数估计值为−0.303,表明"如果粮食生产量增加 1%,那么水资源消费总量将下降 0.303%"。最后,要素间的促进和制约关系均为线性关系,即需要满足"结构方程中其他自变量均保持不变"的前提假设;相互促进与相互制约关系也只呈现于被解释变量与序参量之间。为进一步加深对要素间相互影响关系的解读,下一小节(4.3.4)将从单方程视角和系统视角对表 4-5 进行分析。

4.3.4　耦合系统要素间相互影响的强度与方向

1. 单资源视角的影响强度与方向

单资源视角聚焦于方程组中的单个方程,剖析联立方程模型中的每一个结构方程,通过系数估计值的大小识别子系统序参量的核心影响要素,通过系数估计值的正负性阐释要素间的影响机制,如图 4-1 所示。

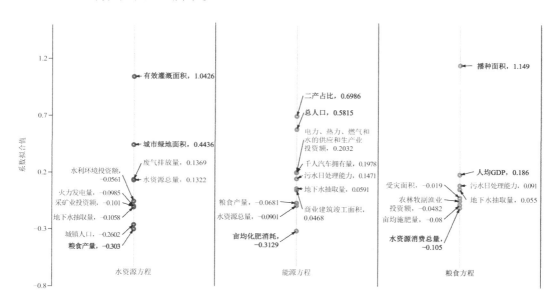

图 4-1　联立方程模型中结构方程的系数拟合值

(1)在水资源方程中,基于表 4-5 中水资源方程的估算结果,水资源子系统序参量(水资源消费量)的主要影响因素为有效灌溉面积(EIA),系数估计值为 1.0426,即在其他影响要素维持不变的前提下,如果 EIA 增加 1%,那么水资源消费总量将上升 1.0426%,呈现相互促进关系。一方面,有效灌溉面积是指具备一定的灌溉设施,在正常年景下能满足作物需水量的耕地面积;此属性决定了其对水资源的需求量;另一方面,体现了农业生产对水资源系统的依赖程度高，即水－粮食关联，比如，农业生产消耗了全球淡水总量的69%，详见 2.2 节。水资源消费量的次要影响因素为城市绿地面积（UGL），系数估计值达到 0.4436，即在其他要素保持不变的情况下，UGL 每增加 1%，水资源消费总量将上升0.4436%；UGL 需水量属于环境用水，尽管城市绿地面积的需水量与地区降雨量具有反方向关系，即降雨量越多则城市绿地面积的需水量越少，但是随着低碳城市、海绵城市、公园城市等城市建设计划的落实，城市绿地面积的扩大意味着环境用水量将急速上升，比如，北京市 2017 年环境用水量占比全年水资源消费量的比值为 31.9%，远高于 2003 年1.68%的环境用水量占比[①]。再生水作为水－能源的重要关联点，已成为环境用水的稳定水源。其他具有促进关系的影响要素包括水资源总量（TWR，0.1322）和废气排放量（WGE，0.1369），前者表明生态系统服务，即水资源的稀缺程度，影响水资源消费量，水资源丰富的地区用水量偏高；后者作为中介变量表明能源消费量对水资源消费量的促进关系。

在水资源子系统的要素制约关系中，一方面，粮食产量（F_P）、城镇人口规模（UP）、火力发电量（TG）对水资源消费量具有负向影响效果，强度系数分别为 -0.303、-0.2602、-0.0985，这与我国资源利用效率不断提升相一致。具体而言，如果只关注资源消费总量，那么在关联强度（效率）不变的情境下，以上三个影响要素的规模扩大将会增加水资源的需求量；然而，如果区域技术效率和规模效率持续提升，那么每一个影响要素的单位水耗均降低，故呈现负向影响关系。因此，随着时间的推移，水资源消费的绝对量在上升，是因为影响要素的规模在扩大；水资源消费的相对量在下降，即影响要素的单位水耗在降低。比如，我国单位火力发电量的煤耗从 2000 年的 4.03kg/kWh 下降为 2008 年的 2.78kg/kWh（IEEE & NRDC，2013），进而引起了区域水资源消费量的降低。另一方面，人类行为对水资源消费总量的影响关系属于制约关系，包括地下水抽取量（TGP，-0.1058）、采矿业投资额（MII，-0.101）、水环境公共设施管理业投资额（WEPI，-0.0561）。地下水抽取量的负效应是由于使用地下水的成本要高于地表水，比如，单位地下水的能耗（0.4kWh/m³）远高于地表水的用水能耗（0.18kWh/m³）；后两者的负效应来源于投资所产生的绩效，即通过采矿业、水资源管理、环境管理和公共设施管理活动的投资，可以提高资源利用效率、降低资源损耗量，进而降低水资源消费量。

（2）在能源方程中，能源子系统序参量（能源消费总量）的主要影响要素包括二产占比（SIR，0.6986）、总人口（TP，0.5815）、汽车拥有量（VV，0.1978）。以上三个影响要素来源于外围关联关系，对能源消费总量均存在正向的影响关系，且均来自经济子系统和社会子系统，表明能源子系统与经济社会发展的紧密关系。在核心关联关系中，资源供给过程中的粮食产量（F_P，-0.0681）和地下水抽取量（TGP，0.059）对能源消费量的影响较弱，前者的制约关系反映了粮食生产过程相对于工业、交通等消费终端而言具有低能耗强度的特征（WAKEEL et al.，2016），后者的促进关系表明地下水的使用是水－能源关系的重

① 数据来源：2017 年和 2003 年的《北京市水资源公报》。

要关联点；在资源的废弃物处理过程中，污水处理过程与能源消费总量展现了较强的促进关系，即污水处理能力（WWTC，0.1471）和污水排放总量[1]（TP，0.5815）对能源消费总量的影响强度高，表明污水处理是重要的水 - 能源关联点（HUANG et al., 2023c）。尽管化肥施用量代表着粮食生产中的主要能源消耗，占比超过 50%（徐键辉，2011），但是化肥施用强度（CFSA，−0.3129）制约着农业生产中的能源消耗强度，这与徐键辉（2011）的研究结论相一致，即化肥施用强度越高，亩均能源消耗总量越低。因为在我国农业生产实践中，化肥施用量高的地区和电力使用比重低的地区，农业生产的亩均能耗均较低；而农业生产中电力消费量高的地区，其亩均能耗也较高（徐键辉，2011）。

在区域生态系统服务中，区域水资源总量（TWR，−0.0901）与能源消费总量呈现较弱的制约关系，即区域水资源总量（地表水和地下水的资源总量）越高，能源消费总量越低，因为足量的本地水资源可减少高能耗水源（调水工程和制水工程）的供水量（HUANG et al., 2023d）。此外，投资活动中，电力、热力、燃气和水的生产与供应业投资额（PTWI，0.2032）与地区能源消费总量具有促进的影响关系，这与水资源方程和粮食方程的投资活动不同，能源方程投资活动的主要目的是确保能源和水的高效率、足量供给（生产与供应），故其投资额增大会提升区域能源消费规模。

（3）在粮食方程中，粮食产量的核心影响要素为粮食作物播种面积（CSA，1.149），即在现有生产条件保持不变的前提下，粮食作物播种面积增加 1%，那么粮食产量将提高 1.149%；此外，具有较大促进作用的影响要素是代表地区发展水平和发展程度的人均 GDP（AGDP，0.186），因为随着人均 GDP 水平的提高，越来越多的科学知识、技术手段被运用于提升农业生产效率，即在播种面积不变的前提下，人均 GDP 增加所带来的农业生产效率提升，将提高区域粮食产量。在粮食播种面积和人均 GDP 水平维持不变的前提下，粮食方程中的其他要素对粮食产量的影响关系较弱。具体而言，地下水抽取量（TGP，0.055）和污水处理能力（WWTC，0.091）对粮食产量具有促进的作用关系，前者显示了我国农业生产对地下水资源的依赖性，后者作为本地生态系统服务质量的间接评价指标，即"污水处理能力越强→污水排放量越低→生态系统服务越好"，表明了生态系统服务正向作用于地区粮食产量。在相互制约的影响关系中，水资源消费量（W_C，−1.05）具有较强的制约作用，其后依次为亩均化肥施用量（CFSA，−0.08）、农林牧副渔业投资额（AFAFI，−0.0482）、受灾面积（DA，−0.019）。就 W_C 的制约作用而言，若 W_C 增加的原因是农业用水量增加，那么在 CSA 不变的条件下，表明农业生产效率的下降，若为非农业用水量增加，那么在 WWTC 不变的情况下，污水排放量将上升，两者均会造成粮食产量的下降；CFSA 的制约作用印证了我国农业生产过程中过度使用化肥的现象（杜志雄等，2016），AFAFI 的制约作用反映了作为投资活动 AFAFI 的目标是提高农业生产效率而不是扩大农业生产规模；DA 的低制约作用表明农业灾害会降低农业产量，但是影响不大，即农业灾害并不是农业减产的主要原因，显示我国具备降低农业灾害影响的能力。

---

[1] 污水排放总量 = 工业污水排放总量 + 生活污水排放总量，其中生活污水排放总量的计算方法是人均系数法，即生活污水排放总量 = 城镇生活污水排放系数 × 市政非农业人口 × 365，来源于《中国统计年鉴 2011》。

2. 耦合系统视角的要素关联

与单资源视角聚焦于单个结构方程不同，耦合系统视角聚焦于联立方程模型整体，进一步阐释联立方程模型中关联点的作用机制、方程间的反馈回路以及系统整体的均衡状态。基于此，可将表 4-5 的模型估计结果展现为水-能源-粮食耦合系统要素关联的形式，如图 4-2 所示。

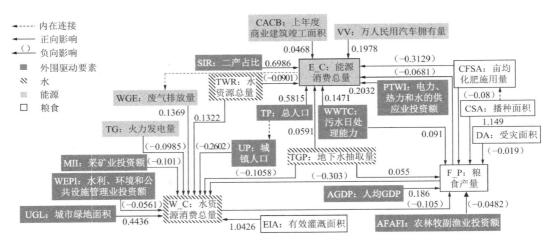

图 4-2　区域水-能源-粮食耦合系统联立方程模型的估算结果

（1）关联点是指具有跨系统影响力的影响要素。由图 4-2 可知，地下水抽取量（TGP）是水、能源和粮食三者的唯一关联点，其促进着粮食和能源子系统序参量的变化、制约着水资源子系统序参量的变化。一方面，表明水资源子系统在区域水-能源-粮食耦合系统中的基础性地位（CAI et al.，2018），支撑着能源和粮食子系统的发展，保障着水-能源-粮食耦合系统的安全；另一方面，也展现了加强地下水保护策略对三大子系统的不同影响，不仅降低粮食生产和能源消费，提高水资源消费，还为水、能源和粮食子系统的调控提供了全局视野。

两两子系统间的关联点不仅包括了核心关联的影响要素，还涵盖了外围关联的驱动要素。在水-能源关联中，核心关联的水资源总量（TWR）和外围关联的人口要素（TP 和 UP）是水-能源的直接关联点，其对水和能源子系统均展现了相反的影响关系；废气排放量（WGE）和火力发电量（TG）作为水-能源的间接关联点，具有单方向的促进关系。TWR促进水资源消费总量的强度（0.1322）要高于制约能源消费总量的强度（-0.0901），因为前者具有直接作用关系，而后者是间接作用关系，即在制约能源消费总量中，TWR 被视为地区生态系统服务质量的间接评价指标，借助良好的生态系统服务实现能源消费量的下降（DECKER et al.，2000）。在人口要素中，TP 对能源子系统的促进强度（0.5815）要高于 UP 对水资源子系统的制约强度（-0.2602），由此可知，人口要素的调控策略是降低总人口规模、扩大城镇人口规模,即持续推进城镇化进程。WGE 作为能源消费量的间接评价指标(ZHANG et al., 2017),表明能源消费量的增长将促进水资源消费量的增加,即经济规模的扩大将会带来用水需求的增加;TG 的负效应来源于效率的提升,详见水资源方程的阐释。

在能源 – 粮食关联中,关联点包括粮食产量(F_P)、污水处理能力(WWTC)和亩均化肥施用量(CFSA)。其中,F_P 作为跨系统的影响要素,其负效应体现于粮食生产的低能耗特征,即高粮食产量意味着低总能耗;WWTC 对能源和粮食子系统作用关系均为促进关系、CFSA 对能源和粮食的作用关系均为制约关系,且两者对能源子系统的作用强度均大于粮食子系统的作用强度。WWTC 和 CFSA 作为直接评价指标,表明处理污水、提升土壤质量等行为可确保粮食子系统的安全,但是由于两大关联点的能耗效应强于粮食生产效应,此粮食子系统的安全是以更大的能源子系统影响为代价的。两个关联点作为地区生态系统服务的间接评价指标,均显示了环境保护与地区生态系统服务质量对能源和粮食子系统的核心作用,即通过污水处理和减少化肥施用量以降低人类活动对生态系统的影响属于高能耗的工作。

在水 – 粮食关联中,关联点包括水资源消费量(W_C)、粮食生产量(F_P)和粮食子系统的有效灌溉面积(EIA)。相比水资源子系统对粮食子系统的依赖性,粮食子系统对水资源的依赖性更强,不仅表现于 F_P 对 W_C 的制约(−0.303)强于 W_C 对 F_P 的制约作用(−0.105),还因为 EIA 是地区水资源消费量的主导因素。从关联点的要素地位看,与前述两类关联不同,水和粮食子系统的序参量直接作为两者的关联点,而不是能源 – 粮食间的生态服务系统、水 – 能源间的社会要素,体现了水和能源子系统更密切的关联关系。这也与研究的范围密切相关,如果只聚焦于城市的核心区,作为静态的封闭系统,那么此时的研究范围更类似于一个资源岛(PERRONE et al., 2011),水 – 能源间的关联将成为焦点;如果将城市范围扩大,作为开放的动态系统,那么此时的研究范围包括资源的生产与消费,则水 – 粮食关联将成为系统的焦点。

(2)系统间的协同效应主要呈现于子系统间的相互作用、系统的反馈回路和系统的均衡状态。在子系统相互作用过程中,从要素视角,前述关联点的阐释表明,水、能源和粮食间的关联需要关注多个要素间的相互作用,比如,人口要素中的总人口和城镇人口,而不是单一要素;还需要考虑要素间相互作用的方向,即制约或促进。从子系统的视角看,除了要素关联点外,资源供给、消费和废弃物处理过程中的人类行为也会对关联系统产生影响,比如,属于能源供给过程的火力发电(TG)对水资源子系统序参量(W_C)的制约作用、属于粮食供给过程的有效灌溉面积(EIA)主导着水资源子系统序参量(W_C)的变化,详见水资源方程的阐释。从系统整体视角看,能源子系统的主要驱动因素来自人类活动圈层,尤其是产业结构、人口要素和交通运输;而水和粮食子系统的核心驱动要素来自自然环境圈层,因为无论是有效灌溉面积还是播种面积,其基础均为自然环境圈层中的土壤质量和水资源总量。

在系统反馈回路中，与李桂君等（2016a）构建包含 81 个要素的研究成果不同，本章研究聚焦于水–能源–粮食耦合系统的三大核心序参量，即 W_C、E_C 和 F_P，故所展现的系统结构和反馈回路也相对简单而清晰。由图 4-2 可知，序参量间的反馈回路主要包括两条：①"W_C 负向影响 F_P、F_P 负向影响 E_C、E_C 借助 WGE 正向影响 W_C"，这是一条加强型反馈回路（钟永光等，2013），因为在粮食子系统（F_P）和能源子系统（E_C）的作用下，W_C 的最终增加值将高于其初始增加值，同样的方式也存在于 F_P 和 E_C 初始值的变化。②"W_C 负向影响 F_P、F_P 负向影响 W_C"，这也是一条加强型反馈回路（钟永光等，2013），即无论是 W_C 还是 F_P 的增加，最终的增加值都将得到增强，体现了水资源子系统和粮食子系统间的相互促进关系。尽管两两要素间的阐释显示了序参量间的制约或促进作用，但是从系统整体和反馈回路来看，序参量整体的相互作用均为促进作用。因此，来自于核心关联或外围关联的风险冲击，在子系统反馈回路的驱动下，不仅会引起风险在不同子系统间转移，还将放大风险的初始损失，威胁系统整体的安全。但是由于序参量间的关联强度不一致，比如，F_P 对 E_C 的影响强度为−0.0681、WGE 对 W_C 的影响强度为 0.1369，较低的关联强度有助于阻碍风险的进一步扩散，也有助于水–能源–粮食耦合系统均衡的最终实现。

在系统均衡状态中，即张力协同，各要素处于相对静止的状态，即要素间的促进与制约作用达到均衡。基于前述反馈回路可知，可借助序参量的加强型反馈回路，对耦合系统进行调控，以实现耦合系统的均衡；系统均衡也是水–能源–粮食耦合系统治理的目标之一。除去无法调控的环境要素（DA、TWR）和三大序参量（W_C、E_C、F_P），来自核心–外围关联的影响要素均可以作为系统调控的工具，基于要素行为特征将其分为投资计划、结构调整和总量控制三种类型，具体要素如表 4-6 所示。利用表 4-5 的数据和图 4-2 的反馈回路，假设要素变动为 1%，则可分别计算出各个要素对系统序参量的初始影响值和均衡影响值，如表 4-6 所示。

水–能源–粮食耦合系统治理措施及其代表性要素的影响强度　　　　表 4-6

治理措施类别	代表性要素		初始影响强度（%）	均衡影响强度（%）
投资计划：WWTC、CACB、MII、WEPI、PTWI、AFAFI	WWTC	W_C	0	−0.03
		E_C	0.1471	0.14
		F_P	0.091	0.09
结构调整：SIR、UP、AGDP、TG	UP	W_C	−0.2602	−0.27
		E_C	0	−0.002
		F_P	0	0.028
总量控制：VV、TP、TGP、WGE、CFSA、EIA、CSA、UGL	TGP	W_C	−0.1058	−0.1265
		E_C	0.0591	0.0545
		F_P	0.055	0.0683

由表 4-6 可知，由于反馈回路的作用，所有核心－外围冲击都将通过序参量的反馈回路，影响所有子系统的序参量，但是影响的方向（正向或负向）以及影响的强度均存在差异。鉴于各个外部冲击所造成的初始影响强度和均衡影响强度差异均不大，本部分将选取代表性要素进行测算，分别计算代表性要素（WWTC、UP、TGP）对序参量的初始影响强度和均衡影响强度。由表 4-6 可知，初始影响强度与均衡影响强度间的差异较小，影响强度相差不超过 0.03%。一方面，序参量间影响强度较弱，最强为−0.303、最弱为−0.0681，导致反馈回路的增强效果不强；由于最弱影响强度只属于粮食－能源关联，故从影响路径来看，能源子系统的安全风险将对粮食子系统产生重要影响，而粮食子系统安全风险难以对能源子系统形成较大影响。另一方面，尽管系统反馈回路形成的均衡影响强度较低，但是并不意味着水－能源－粮食耦合系统不需要调控，因为不同子系统在系统整体中的地位和面临的风险是不一样的，故不仅需要关注整体，还需要关注子系统个体的风险，比如，水资源子系统具有基础性地位、能源子系统受外围影响要素的作用较强、粮食子系统受系统间关联风险的影响最强。水－能源－粮食耦合系统调控部分，参见第 6 章。

4.4　本章小结

通过联立方程模型的构建与中国省级行政区的实证研究，我们发现：①水、能源和粮食在多中心网络结构中的地位是不平等的；即水资源子系统具有基础性地位、能源子系统受外界要素影响强、粮食子系统受子系统间关联风险传播的影响强。尽管在理论上水－能源－粮食耦合系统可以假定水、能源和粮食三者间具有平等地位，但是实证结果显示由于三者的风险来源不同、要素间关联强度不一致，导致三者的地位必然存在差异。因此，在水－能源－粮食耦合系统的集成与治理过程中，决策主体需基于差异化的地位，考虑本地资源禀赋、安全风险等展开耦合系统调控。②关联治理可通过投资计划、结构调整和总量控制来开展。不仅需要基于各个子系统在系统整体中的特征、地位和作用，还需要把握子系统序参量的核心影响要素，比如，水资源子系统的有效灌溉面积（EIA）、能源子系统的二产占比（SIR）、粮食子系统的播种面积（CSA）。③联立方程模型为水－能源－粮食耦合系统的边界确定提供了方向。在联立方程模型中，系统边界的确定需要在理论上选取评价指标且评价指标的数据集需满足方程的系列检验，故系统边界的确定在实践中可能会出现偏差，甚至会出现两组联立方程模型的情形（GALDEANO−GÓMEZ，2017）。④生态系统服务对水－能源－粮食耦合系统具有重要作用，包括水资源总量（TWR）、土壤质量（CFSA、WWTC）。在水－能源关联中，TWR 对 W_C 的影响强度为 0.1322；在能源－粮食关联中，CFSA 对 E_C 的影响强度为−0.3129，驱动着能源子系统的变化。

第 **5** 章

区域水-能源-粮食耦合系统协同度测度①

① 本章部分内容已发表于：HUANG D, LI G, CHANG Y, SUN C. Water, energy, and food nexus efficiency in China: A provincial assessment using a three-stage data envelopment analysis model[J]. Energy, 2023(263): 126, 7.

前文的理论与实证分析有助于从整体和宏观上认识区域水－能源－粮食耦合系统，但是不同地区的水－能源－粮食耦合系统存在明显差异，如何有效识别并把握本地区水－能源－粮食耦合系统的影响因素和协同程度，成为资源关联治理政策落地的首要步骤。本章运用非参数方法，将耦合系统视为黑箱，对我国 2005—2016 年不同地区的水－能源－粮食耦合系统协同度进行评价，通过剔除外围关联和互动关联中的环境影响因子，以获取各地区水－能源－粮食耦合系统的"真实"协同度，为不同地区水－能源－粮食耦合系统的调控奠定基础。

5.1　区域水－能源－粮食耦合系统协同度测度理论框架

5.1.1　协同度测度的基本原理

基于 2.3.1 节水－能源－粮食协同发展内涵可知，在目标协同的过程中，各个子系统为了系统整体的利益（整体目标）而协调合作、减少子系统间的冲突，以提高系统整体效率，实现系统可持续发展。故在子系统效率不受根本性影响的前提下，子系统间的协同发展程度越高，系统的整体效率越高。基于此，本书运用协同度概念评价子系统间的协同发展程度，并借助系统整体效率测算系统整体协同度，代表水－能源－粮食耦合系统目标协同状况。

协同度视角下的系统整体效率是指通过增强子系统间的关联运动，实现以更少的资源投入获取系统整体的更高产出。水－能源－粮食耦合系统作为一个开放式复杂系统，部分学者通过二维关联指标刻画系统间关联运动，比如水足迹（VANHAM，2016），或通过不同指标的集成实现系统整体效率的评价，比如基础设施发展指数和环境可持续指数的集成（SCHLÖR et al.，2018），或通过设立目标函数与约束条件模拟优化耦合系统（LI et al.，2019b）。由于耦合系统整体并不存在直接的产出形态，系统产出需依赖水－能源－粮食耦合系统所属的研究尺度，比如，SCHLÖR et al.（2018）将城市韧性的提升视为城市水－能源－粮食耦合系统的产出。区域水－能源－粮食耦合系统的产出，即水、能源和粮食资源"生产、消费和废弃物处理"的结果，以区域社会经济系统正常运转和不断进步为载体而呈现，体现了水－能源－粮食耦合系统整体与区域社会－经济－环境大系统间的相互依赖关系。具体而言，区域水－能源－粮食耦合系统整体效率可理解为水－能源－粮食资源在行政区划范围内的"生产、消费和废弃物处理"，为地区社会经济发展带来尽可能大的收益，表现为社会经济产出与资源投入的比值，即水－能源－粮食耦合系统的投入产出效率（LI et al.，2016；SHERWOOD et al.，2017），其数学表达式如公式(5-1)所示：

$$Y = f(W, E, F) \tag{5-1}$$

式中：Y为社会经济产出；W、E和F分别为水、能源和粮食资源投入量；故系统整体效率可表示为$f(W,E,F)/(W,E,F)$。假设同比例（K）增加三种资源的投入量，即(KW, KE, KF)，系统产出为$Y' = f(KW, KE, KF)$，与投入–产出效率中规模收益上升、规模收益不变和规模收益下降相一致，系统协同度变化也呈现三种情形。

（1）协同度上升。如果$Y' > KY$，表明产出收益大于初始收益的K倍，那么随着三种资源投入的增加，区域社会经济产出将持续、快速增长。

（2）协同度不变。如果$Y' = KY$，表明产出收益等于初始收益的K倍，那么随着三种资源投入的增加，区域社会经济产出将平稳增长。

（3）协同度下降。如果$Y' < KY$，表明产出收益小于初始收益的K倍，那么随着三种资源投入的增加，区域社会经济产出将缓慢增长。

两者间的差异$\theta = Y' - KY$来自因管理优化和技术创新而实现的子系统间协同发展，故θ可理解为子系统间的协同收益，用于判断系统的协同状态。$\theta > 0$表明系统协同发展程度高，正处于良好的协同发展过程中；$\theta = 0$表明系统正处于旧结构或新结构的稳定状态，呈现稳定的协同发展状态；$\theta < 0$表明系统协同发展程度低，未能为系统整体带来正向收益。

5.1.2 协同评价方法的选取

现有研究对水–能源–粮食耦合系统协调发展水平的评价逐步增多，主要通过指标集成的方式，评价系统整体的协同情况（ENDO et al., 2015；SCHLÖR et al., 2018）和子系统（水、能源和粮食）间的耦合协调情况（邓鹏等，2017）。目前，子系统间的耦合协调评价，已经被广泛应用于中国省域（比如江苏、山西）和区域（比如黄河流域、京津冀地区）。SOLIEV et al.（2015）运用成本收益分析方法研究了流域水–能源–粮食耦合系统在制度层面的协同成本和收益，并识别了分享协同收益的四类成本；SHERWOOD et al.（2017）从投入–产出视角分析区域水–能源–粮食耦合系统，但是其目标不是评价耦合系统的协同发展情况，而是测算区域社会经济活动中的资源消耗强度。实践中，水、能源和粮食是具有不同属性的三个子系统，具有不同的计量量纲，比如，水的量纲为体积（m^3）或重量（t），能源的量纲为等量值（万 t 标准煤），粮食的量纲为重量（t）或热量（cal）。量纲统一化是实现三个不同性质子系统综合集成的关键，现有研究中量纲统一化的方式包括数据的标准化、用资源的等价货币量来表示资源的生产消费量，前者多见于耦合系统协调发展水平评价，后者被广泛应用于耦合系统协调优化。

因此，要从系统整体视角评价水–能源–粮食耦合系统的目标协同，兼顾子系统间量纲的差异化问题，将水–能源–粮食耦合系统作为"黑箱"，运用非参数方法进行评价是一种行之有效的路径，同时还可有效处理参数方法在系统集成过程中的主观偏差问题（LI et al.,

2016）。比如，现有研究在评价耦合系统协调发展水平过程中，常常基于理论假说，主观上认为水、能源和粮食子系统应具有相同的权重，但是由于各地水、能源和粮食安全风险的差异性，实践中，风险越高的子系统，治理的优先级越高，权重也应越高。此外，耦合系统作为一个多投入多产出的复杂系统，其核心关联协同评价的需求正好被数据包络分析法（DEA）所满足，即多投入－多产出、量纲差异化、非参数估计。DEA 方法可直接运用具有差异化量纲的多投入－多产出指标，对决策单元进行非参数估计和分析，进而获得决策单元间的相对效率值，即协同度，并可进一步分解以获取规模和技术进步对相对效率值的影响，目前已经被广泛运用于单一资源系统的效率评价中（廖虎昌和董毅明，2011）。在耦合系统研究中，LI et al.（2016）最早引入了 DEA 方法对中国 30 个省级行政区水－能源－粮食资源的投入－产出效率进行评价，并从横向（30 个省级行政区）和纵向（2005—2016 年共 12 个年份）两个维度展开了效率分析。DEA 方法的优势如下（李玉龙，2009；魏权龄，2004）：

（1）非参数估计法。DEA 方法在评价过程中无须提供投入－产出间的确切对应关系，包括具体方程、指标权重等量化关系。同时，差异化的投入－产出指标量纲在 DEA 方法中是可以被接纳的，因此可以有效应对耦合系统中各子系统的量纲差异所带来的影响。

（2）多投入－多产出变量。DEA 方法基于线性规划的原理，通过产出对投入的比例，可用于有效处理多投入/多产出变量以及多个决策单元的相对效率评价问题，并可从全局视野利用多投入－多产出数据，有效规避了因数据指标的片面化选取而带来的偏差。

5.1.3　协同测算指标体系的建立

运用科学、合理的数据展开协同评价的前提是构建一个行之有效的指标体系，并借助指标体系展开数据的收集、分析和预处理。一般而言，完整的评价指标体系按照由因致果的逻辑，应包括目标层、准则层、指标层、阐释层等内容，构成一个有机的整体。基于研究的目的和研究方法的特征，协同评价的指标体系包括传统 DEA 方法中的投入指标和产出指标，还包括三阶段 DEA 方法中的环境影响因素指标。

协同评价指标体系的建立基于科学性、系统性、代表性、可获取性的原则，详见 4.1 节；同时，应以协同学理论为指导，体现水－能源－粮食耦合系统协同发展的内涵和要求。

1. 投入－产出指标选取

投入指标的选取需要尽可能反映系统整体的实际投入情况，即水、能源和粮食在行政区划范围内的生产和消费量。"黑箱"评价聚焦耦合系统的整体变化，忽视子系统间的关联运动，导致水、能源和粮食子系统的单独运动及其与关联系统的共演化将占据主导地位，可通过集成子系统状态来衡量水－能源－粮食耦合系统的整体情况。基于第 3 章的理论分析可知，子系统的刻画包括供给、消费和废弃物处理三个环节，目前并不存在足以刻画全部环节的单一指标，需基于资源的管理政策以及指标间的关联性或相互替代性选取最具代表性且在实践中可获取的指标。同时，基于科学性原则，对于在单一指标中未能刻画和体现的核心环节，需要在指标体系的整体性中优先考虑被遗漏的环节。本章研究基于"供给-消费"的集成视角，在供给端以子系统为核心，逐步选取子系统序参量；消费端则从系统整体出发，进一步弥补供给端的遗漏序参量。

供给端子系统的序参量是指驱动子系统行为、促进子系统发展变化的关键性要素，基于4.1节的论述，在协同度评价中，选取水资源消费量、能源消费量和粮食生产量作为三大子系统的序参量，即本章研究的供给端输入变量。

在系统整体上，基于前述子系统的分析及序参量的选取可知，遗漏的序参量蕴含于废弃物的处理过程中。在现有资源系统的效率评价中，废弃物排放量既可作为投入变量，也可作为资源系统的非合意产出变量（LI et al., 2016；李霞，2013），在资源评价实践中均获得广泛应用。由第 3.2 节的阐述可知，废弃物处理过程仍然作为水、能源和粮食子系统的核心过程之一；在生态环境领域的 DEA 方法评价中，学者们（DYCKHOFF & ALLEN，2001；KORHONEN & LUPTACIK，2004；ZHANG et al., 2017）将废弃物排放量作为 DEA 模型的投入变量而非产出变量。首先，在评价原理上，DEA 方法将"最少的投入获取最多的产出"视为相对有效率的决策单元，故在进行决策单元的对比上，相同的产出则投入量越少越好、相同的投入则产出越多越好，故投入变量的内涵宜越少越好。在水-能源-粮食耦合系统中，为减少废弃物排放对生态环境的影响，废弃物排放量应越少越好，属于越少越好的变量，与 DEA 方法评价原理中投入变量的内涵相一致，可将其直接作为投入变量。其次，在指标的外延上，将废弃物排放量作为系统产出的成本，因为要降低耦合系统的废弃物排放量，需要大量额外资源的投入（比如资金、能源等），故废弃物排放量可作为耦合系统投入的间接成本，与水-能源-粮食资源的直接投入成本共同构成了耦合系统的完整投入体系。最后，废弃物排放量被视为区域社会-经济-生态大系统是否正常运转的指标，因为废弃物排放量受到政府规章制度的严格管控，现有统计系统中废弃物的排放数据均为处理后的废弃物排放量，涵盖了区域大系统对废弃物的处理成本，将其作为投入指标更能凸显其成本属性。

产出指标的选取不仅需要基于决策单元的特征，比如水-能源-粮食耦合系统的产出表现于区域大系统的社会经济产出，还需基于评价主体对决策单元的偏好，即评价主体借助评价目标的实现而渴望获取的信息（李玉龙，2009）。基于此，在决策单元特征上，区域大系统的社会经济产出应包括经济产出和社会产出两个方面，在经济产出中，基于第 3.4 节的分析可知，区域经济规模与水-能源-粮食消费呈现正向相互影响关系，地区生产总值（GDP）可作为水-能源-粮食消费经济产出的有效衡量指标，目前已经广泛运用于资源系统的效率评价（LI et al., 2016；XU et al., 2022）；在社会产出中，社会子系统变迁的序参量为城市人口规模，尤其在城镇化背景下，城镇人口规模的快速扩大，不仅驱动着水-能源-粮食的供给增加，还促进了城市经济规模的扩大，城市常住人口规模可作为水-能源-粮食耦合系统社会产出的可行衡量指标。

在决策主体偏好上，基于代表性原则，要实现系统整体视角的水 - 能源 - 粮食协同评价，即以最少的投入实现最多的产出，需要聚焦于水 - 能源 - 粮食消费量巨大的核心环节，比如农业生产的水耗、工业生产的能耗和居民家庭的粮耗。在现有资源消费体系中，生产活动的资源消费要高于且强于生活消费，因此地区 GDP 作为生产活动产出的代表是评价决策主体偏好的有效衡量指标。由于城市常住人口规模的扩大与城市经济增长之间互为因果关系（李玉龙，2009），经济规模越大的地区，城市常住人口规模也越大，因为经济增长、就业岗位增加带来人口的集聚，同时也承载了人们对美好生活的向往，故应考虑城市常住人口规模的信息。因此，本研究选取人均地区生产总值（AGDP）作为水 - 能源 - 粮食耦合系统的唯一产出，反映地区经济社会发展水平。

综上所述，本章所确定的协同评价指标体系如图 5-1 所示。

其中，投入指标反映了水 - 能源 - 粮食耦合系统的投入成本，即直接成本（水资源消费量、能源消费量和粮食产量）和间接成本（废弃物排放量），产出指标表征了水 - 能源 - 粮食资源的消耗所带动的社会经济进步，即人均地区生产总值（AGDP）。

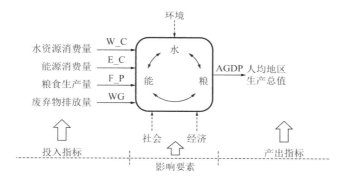

图 5-1　区域水 - 能源 - 粮食耦合系统协同评价指标体系

2. 环境影响因素选取

由第 3.4 节的分析可知，影响水 - 能源 - 粮食耦合系统协同的外围环境变量包括区域社会、经济、生态要素和气候变化，各个要素在特定条件下既可以促进，也可抑制水 - 能源 - 粮食耦合系统协同发展。在三阶段 DEA 中，外部影响因素的选取既要考虑影响因素的外部性，又要考虑影响因素的可操作性，即所选取的外部影响因素是可调整的。因此，本研究从外围关联和互动关联所属的区域大系统（社会、经济和环境子系统）入手，分别选取社会子系统的城镇化率(UR)、经济子系统的二产占比(SIR)和环境子系统的污水处理能力(WWTC)作为决策单元的外部环境影响因素（图 5-1），助力耦合系统核心关联"真实"协同度的测算。

首先，在社会子系统中，社会子系统的影响要素分布广泛，包括人口、医疗、文化、教育等方面。水 - 能源 - 粮食作为人类生存的基本生命线，按马斯洛需求层次理论，水 - 能源 - 粮食资源的需求应属于需求金字塔底层（生理和安全层面）的需求，即满足维持生存所必需的要求；而文化、教育等方面属于需求金字塔上层（情感、尊重和自我实现）的需求。基于 4.3 节水和能源方程拟合结果可知，城镇人口（UP）和总人口（TP）分别对水资源消费总量（W_C）和能源消费总量（E_C）具有显著的影响作用，其中 UP 负向作用于 W_C、TP 正向作用于 E_C。由此可知，为降低区域水和能源消费总量，提高城镇化率（城镇人口占总人口的比重）是一个有效的路径，即城镇人口规模越大，W_C 越低；总人口规模越小，E_C 越低。故本研究将选取城镇化率作为社会子系统影响要素的衡量指标。

其次，在经济子系统中，地区生产总值（GDP）是区域经济子系统的重要衡量指标，但是 GDP 作为一个产出量，难以满足可操作性的要求。由能源子系统的结构方程可知，第二产业占比（SIR）是影响 E_C 的核心要素；在现有研究中，LI et al.（2016）的研究结果认为产业结构调整有助于提升地区水−能源−粮食耦合系统的投入−产出效率。因此，为剔除经济子系统对水−能源−粮食耦合系统的影响，SIR 是一个可调整的外部影响要素，可作为经济子系统影响要素的衡量指标。

最后，在环境子系统中，基于 3.4 节和 4.3 节的分析可知，环境子系统要素对水−能源−粮食耦合系统的影响主要体现于生态系统服务的质量，即代表土壤质量的亩均化肥施用量（CFSA）和代表水源质量的污水处理能力（WWTC）。由能源和粮食子系统结构方程可知，CFSA 和 WWTC 均可作为外部环境子系统影响要素的衡量指标，且 CFSA 对水−能源−粮食耦合系统的影响强度强于 WWTC。但是，在评价周期内（2005—2016 年），我国化肥施用量偏高且已达到峰值①且化肥在粮食生产中的有效性在下降（张舰等，2017）；而我国污水处理能力仍不足且处于快速增长阶段，尤其是可再生水回用，正逐步成为水−能源−粮食耦合系统的治理焦点。比如，《关于推进污水资源化利用的指导意见》（发改环资〔2021〕13 号）提出，到 2025 年，全国地级及以上缺水城市再生水利用率达到 25% 以上，京津冀地区达到 35% 以上，表明我国污水资源化利用能力将会进一步提升。因此，本研究选取 WWTC 作为环境子系统影响要素的衡量指标。

5.2 区域水−能源−粮食耦合系统协同度测度模型构建

5.2.1 数据包络分析（DEA）

DEA 方法的思想最早可追溯到 Farrell（1957）的产业生产效率测算方法，该方法聚焦于不同经济生产部门间的相对效率。DEA 借助数学规划手段对由决策单元（DMU）构成的生产可能集进行 DMU 的相对有效性评价，基本思路是先对生产可能集中决策单元的投入和产出进行综合分析，再借助线性规划技术确定生产可能集的前沿生产函数，进而构造出生产前沿面，最

---

① 可参考：《到 2020 年化肥使用量零增长行动方案》和《到 2020 年农药使用量零增长行动方案》。

后结合决策单元投入－产出数据判断决策单元是否为 DEA 有效并给出 DEA 效率值，效率值可进一步分解以获得决策单元规模效率、技术效率等方面的信息。由此可知，DEA 方法计算出的是生产可能集中不同决策单元的相对效率，而不是决策单元的绝对效率。通过对比不同决策单元的效率，一方面，有助于高层政策制定者了解不同决策单元的现实状态，若以省级行政单元为决策单元，可为国家层面的宏观调控提供支撑；另一方面，为相对"落后"的决策单元提供了效率改进的方向，即标杆效应。DEA 方法将决策单元视为"黑箱"，无须给定变量间的函数关系以及指标权重，有利于整体上把握水－能源－粮食的投入产出效率（LI et al., 2016）。

在 DEA 方法的评价模型体系中，代表性的 DEA 模型包括 C²R（Charnes，Cooper 和 Rhodes）、BC²（Banker，Charnes 和 Cooper）、FG（Färe 和 Grosskopf）和 ST（Seiford & Thrall），最经典且应用最广泛的 DEA 模型为 C²R 模型和 BC² 模型，基本原理如下。

假设生产可能集 $\{DMU_j: j=1,2,\cdots,n\}$ 包含 n 个决策单元，投入指标 $x_{ij}(i=1,2,\cdots,m)$ 表示第 j 个决策单元的第 i 个投入指标（m 为投入指标的总个数）、产出指标 $y_{rj}(r=1,2,\cdots,s)$ 表示第 j 个决策单元的第 r 个产出指标（s 为产出指标的总个数）。因此，DMU_j 的投入－产出指标体系可表示为：$x_j=(x_{1j},x_{2j},\cdots,x_{mj})^T$ 和 $y_j=(y_{1j},y_{2j},\cdots,y_{sj})^T$；$x_0$ 和 y_0 分别代表目标决策单元 DMU_0 的投入和产出指标。基于此，令 $\nu=(\nu_1,\nu_2,\cdots,\nu_m)^T$ 和 $\upsilon=(\upsilon_1,\upsilon_2,\cdots,\upsilon_s)^T$ 分别为投入指标和产出指标的权重，具有输入倾向的 C²R 模型的一般形式如公式(5-2)所示。

$$\max\frac{\upsilon^T y_0}{\nu^T x_0}=V_P^I \tag{5-2}$$

约束条件为：$\frac{\upsilon^T y_j}{\nu^T x_j}\leqslant 1$，其中 $j=1,2,\cdots,n$；$\nu\geqslant 0$，$\upsilon\geqslant 0$。上角标 I 表示该模型是 Input 类型。

基于公式(5-2)，运用 Charnes-Cooper 转换（魏权龄，2004）即可获得经典 C²R，并可采取线性规划的方法进行求解，如公式(5-3)所示。

令 $t=\frac{1}{\nu^T x_0}$，$\mu=t\upsilon$，$\omega=t\nu$：

$$\max\mu^T y_0=V_{(C^2R)}^I$$
$$(P_{C^2R}^I)=\begin{cases}\omega^T x_j-\mu^T y_j\geqslant 0, j=1,2,\cdots,n\\ \omega^T x_0=1\\ \mu\geqslant 0,\omega\geqslant 0\end{cases} \tag{5-3}$$

在实践中，往往通过求解公式(5-3)对偶规划的形式，对决策单元的相对效率进行评价，λ 为对偶规划中的权重系数，如公式(5-4)所示。

$$\min\theta$$
$$(D_{C^2R}^I)\begin{cases}\sum_{j=1}^n\lambda_j x_j\leqslant\theta x_0\\ \sum_{j=1}^n\lambda_j y_j\geqslant y_0\\ \lambda_j\leqslant 0, j=1,2,\cdots n\end{cases} \tag{5-4}$$

生产可能集中决策单元 DEA 相对效率的判断标准如下：

在公式(5-3)中，①如果 $V_{(\mathrm{C^2R})}^{\mathrm{I}}=1$ 且 $\mu^0>0$，$\omega^0>0$，可认为该决策单元是 DEA 有效的；②如果只满足 $V_{(\mathrm{C^2R})}^{\mathrm{I}}=1$，可认为该决策单元是 DEA 弱有效；③如果 $V_{(\mathrm{C^2R})}^{\mathrm{I}}<1$，意味着该决策单元属于非 DEA 有效，即该决策单元的观察值并未达到生产可能集的生产前沿面。

由于 $\mathrm{C^2R}$ 模型中包含了规模报酬不变的内在假定，即所有决策单元都处于其最优的生产规模上，K 倍的投入将获得 K 倍的产出，且该模型的结果只能获得所有决策单元的综合效率，难以进一步分析决策单元效率变化的原因。基于此，BANKER，CHARNES 和 COOPER（1984）增加了 $\mathrm{C^2R}$ 模型的限制条件，并实现了决策单元综合效率的分解（规模效率和技术进步效率），构建了 $\mathrm{BC^2}$ 模型。在 $\mathrm{BC^2}$ 模型中，由于增加了指标权重的限制，即在其对偶规划［公式(5-6)］中增加限制性条件 $\sum_{j=1}^{n}\lambda_j=1$，决策单元的 K 倍投入并不必然等于 K 倍的产出。$\mathrm{BC^2}$ 模型的数学表达式如公式(5-5)和公式(5-6)所示。

$$\max(\mu^{\mathrm{T}}y_0-\mu_0)$$
$$(P_{\mathrm{BC^2}}^{\mathrm{I}})=\begin{cases}\omega^{\mathrm{T}}x_j-\mu^{\mathrm{T}}y_j+\mu_0\geqslant 0, j=1,2,\cdots,n\\ \omega^{\mathrm{T}}x_0=1\\ \mu\geqslant 0,\omega\geqslant 0,\mu_0\in E^1\end{cases}\tag{5-5}$$

其对偶规划形式如下：

$$\min\theta$$
$$(D_{\mathrm{BC^2}}^{\mathrm{I}})\begin{cases}\sum_{j=1}^{n}\lambda_j x_j\leqslant\theta x_0\\ \sum_{j=1}^{n}\lambda_j y_j\geqslant y_0\\ \sum_{j=1}^{n}\lambda_j=1\\ \lambda_j\leqslant 0, j=1,2,\cdots n\end{cases}\tag{5-6}$$

鉴于 $\mathrm{BC^2}$ 模型所具有的相对优越性，即数据伸缩可变性和结果可分解性特征，本研究运用具有输入倾向的 $\mathrm{BC^2}$ 模型，评价我国不同地区 2005—2016 年水－能源－粮食耦合系统的协同发展状况。模型的输入倾向是指决策者试图在维持产出不变的前提下尽可能减少决策单元的投入变量值，以达到决策单元的 DEA 有效。但 DEA 模型对所有 DMU 仍需满足"同类型"的特性，且 DMU 个数不应少于投入产出指标总数的两倍（曾珍香和顾培亮，2000）。

5.2.2　三阶段 DEA 模型

尽管实践中决策单元的"同类型"特征易于满足，但是由于不同决策单元所处的地理位置不一样、所面对的外部环境也各有所异，同类型的决策单元也呈现差异化特征。类似于，在跑步比赛中，参赛选手们的差异化跑步结果，不仅来源于选手的跑步能力，还受到选手们参赛装备（钉鞋、跑鞋、光脚）的影响（ZHANG et al.，2017）。在三阶段 DEA 模型中，影响决策单元 DEA 效率的因素包括：环境要素、随机误差和管理无效率，影响因素对 DEA 效率的作用主要体现于投入指标的投入冗余。投入冗余是指决策单元DMU_j投入指标的历史观测值，与位于生产前沿面的决策单元（DMU_0）数据的差值，意味着DMU_j可通过调整投入冗余来实现决策单元的 DEA 有效。基于 2.3 节对三阶段 DEA 模型运用步骤的介绍，本部分重点介绍三阶段 DEA 模型中第二阶段的计算模型，即运用随机前沿分析（SFA）来剔除外部环境因素和随机误差对决策单元投入产出效率的影响。

基于第一阶段初始 DEA 模型的计算结果，可获得决策单元的效率得分和决策单元目标值，分别记为：$\{\theta_j: j = 1,2,\cdots,n\}$和$x_{ij}^{\text{target}}$，由此可计算出每个决策单元投入指标的冗余量$S_{ij} = x_{ij} - x_{ij}^{\text{target}}$，构造包含$p$个外部环境要素的影响集合$Z_{ij} = (Z_{1ij}, Z_{2ij}, \cdots, Z_{pij})$，那么第二阶段投入指标$i$的 SFA 模型数学表达式如公式(5-7)所示。

$$S_{ij} = \alpha_i + \beta_i Z_{ij} + \varepsilon_i, i = 1,2\cdots,m; j = 1,2,\cdots,n \tag{5-7}$$

式中：α_i为常数项；β_i为待估的外部环境要素系数；$\varepsilon_i = \delta_i + \tau_i$为总误差项；$\delta_i$为随机误差项；$\tau_i$为管理无效率项。

实践中，$\Gamma = \frac{\sigma_\tau^2}{\sigma_\varepsilon^2}$被用于判断方程(5-7)是否适合 SFA 模型，如果Γ的值接近 1，表明管理无效率是决策单元无法实现 DEA 有效的关键因素，适合 SFA 模型；反之，则表明随机因素占据主导地位，应采用最小二乘估计法。在部分三阶段 DEA 模型中，考虑到管理无效率在总误差项中占据主导地位，可将总误差项统一视为管理无效率所带来的误差（龚峰，2008），故只剔除外部环境要素对投入冗余的影响，保留随机误差项对冗余的影响。但是，在生态环境效率的评价中，由于外部环境要素的复杂性和不确定性，部分遗漏变量所带来的误差将蕴藏于随机误差项中，基于此，ZHANG et al.（2017）同步剔除了外部环境要素和随机误差项对投入指标的影响。资源有效治理是实现水－能源－粮食耦合系统协同的重要途径，故管理效率在本研究中具有重要地位，本研究将采用外围环境要素和随机误差双剔除的方法，以凸显管理效率在资源治理过程中的重要作用，如图 5-2 所示。

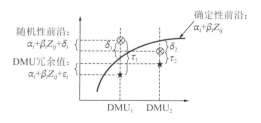

图 5-2　公式(5-7)详解示意图

在进行总误差项分解和测算之前，需要假定误差项的数学分布。假定随机误差和管理无效率的数学分布均为正态分布，可分别记为：$\delta_i \sim N(0, \sigma_{\delta i}^2)$和$\tau_i \sim |N(0, \sigma_{\tau i}^2)|$，其中管理无

效率只考虑了值为正的情形。由正态分布性质可知，将两个误差项的期望值作为其真实值的估计值是有效的，运用 JONDROW et al.（1982）提出的复合误差项分解方法，可得管理无效率项的数据期望值，如公式(5-8)所示。

$$\hat{E}(\tau_i \mid \varepsilon_i) = \frac{\hat{\gamma}_i \hat{\eta}_i}{1 + (\hat{\gamma}_i)^2} \left[\frac{\phi\left(\frac{\hat{\varepsilon}_i \hat{\gamma}_i}{\hat{\eta}_i}\right)}{\Phi\left(\frac{\hat{\varepsilon}_i \hat{\gamma}_i}{\hat{\eta}_i}\right)} + \frac{\hat{\varepsilon}_i \hat{\gamma}_i}{\hat{\eta}_i} \right] \tag{5-8}$$

式中：$\gamma_i = \sigma_{\tau_i}/\sigma_{\delta_i}$，$\eta_i^2 = \sigma_{\tau_i}^2 + \sigma_{\delta_i}^2$；$\phi$和$\Phi$分别表示标准正态分布的概率密度函数和联合分布函数；^表示该变量的估计值。基于此，结合公式(5-7)的回归结果，可获得随机误差的估计值，如公式(5-9)所示。

$$\hat{E}(\delta_i \mid \varepsilon_i) = S_{ij} - \hat{\alpha}_i - \hat{\beta}_i Z_{ij} - \hat{E}(\tau_i \mid \varepsilon_i) \tag{5-9}$$

基于"最差环境"思想，即将所有决策单元放置于同一个最差环境中，类似于跑步比赛中只允许运动员"光脚"参加比赛，结合公式(5-7)、公式(5-8)和公式(5-9)，即可对原始投入变量进行调整，数学表达公式如式(5-10)所示。

$$x_{ij}^a = x_{ij} + [\max_i(\hat{\beta}_i Z_{ij}) - \hat{\beta}_i Z_{ij}] + \{\max_i[\hat{E}(\delta_i \mid \varepsilon_i)] - \hat{E}(\delta_i \mid \varepsilon_i)\} \tag{5-10}$$

如果$x_{ij}^a = x_{ij}$表明该决策单元已经处于最坏环境中，投入变量不需要调整；如果$x_{ij}^a > x_{ij}$表明该决策单元处于最好环境中，由 DEA 效率的判断标准可知，若产出不变而投入增加，则该决策单元的效率下降，类似于参赛选手在脱掉"钉鞋或跑鞋"之后，跑步速度会变慢，但是其相对效率却不一定下降，因为相对效率值取决于其他决策单元的效率。

最后运用调整后的投入变量和原始产出变量，再进行 DEA 模型测算，即可获得所有决策单元的"真实"效率值。

5.3 区域水–能源–粮食耦合系统协同度测度的实证

基于 5.1 节的分析，本研究的评价指标包括投入指标（水资源消费总量、能源消费总量、粮食生产量、废气排放量）、产出指标（人均地区生产总值）、环境影响因素（城镇化率、二产占比、污水处理能力），数据来源为 2006—2017 年的《中国统计年鉴》和《能源统计年鉴》。其中，废气排放量是指各个省级行政区的二氧化硫、粉（烟）尘、氮氧化物排放量；污水处理能力是指各个省级行政区内污水处理厂的设计处理能力总和。

5.3.1 第一阶段：初始投入产出数据的经典 DEA 测算结果

首先，构建决策单元集。本研究构建了包含 30 个省级行政区、12 个年份共 360 个决策单元的决策单元集合。在评价过程中，由于时间维度的变化，数据包络前沿面的设置将基于最有效率的投入产出数据，即最小投入－最大产出；通过比较各个决策单元与前沿面的距离即可获得各个决策单元的相对效率值。其次，运用 DEAP 软件，选择具有投入倾向的 BC² 模型，即可获得 360 个决策单元的相对效率值。最后，运用公式 $S_{ij} = x_{ij} - x_{ij}^{\text{target}}$，计算出各个决策单元中每一个投入指标的冗余值。360 个决策单元的 DEA 相对效率值如表 5-1 所示，冗余值如附录 I 所示。

360 个决策单元的 DEA 相对效率值　　　　　　表 5-1

省份/直辖市/自治区	2005 年	2006 年	2007 年	2008 年	2009 年	2010 年	2011 年	2012 年	2013 年	2014 年	2015 年	2016 年
北京	0.478	0.504	0.552	0.586	0.594	0.637	0.702	0.743	0.831	0.86	0.915	1
天津	0.539	0.564	0.601	0.705	0.702	0.751	0.852	0.931	0.963	1	0.992	1
河北	0.04	0.042	0.046	0.053	0.055	0.059	0.066	0.07	0.076	0.079	0.08	0.084
山西	0.064	0.068	0.078	0.095	0.096	0.105	0.114	0.119	0.122	0.123	0.123	0.124
内蒙古	0.081	0.091	0.106	0.129	0.137	0.151	0.169	0.178	0.208	0.212	0.206	0.203
辽宁	0.077	0.08	0.088	0.1	0.104	0.116	0.13	0.141	0.165	0.173	0.175	0.14
吉林	0.12	0.129	0.148	0.165	0.175	0.193	0.215	0.236	0.276	0.293	0.309	0.331
黑龙江	0.081	0.084	0.09	0.099	0.097	0.109	0.122	0.127	0.144	0.148	0.147	0.149
上海	0.343	0.351	0.364	0.374	0.381	0.388	0.423	0.435	0.465	0.512	0.533	0.585
江苏	0.065	0.067	0.073	0.081	0.084	0.094	0.105	0.112	0.121	0.129	0.138	0.149
浙江	0.109	0.117	0.128	0.139	0.146	0.159	0.178	0.188	0.199	0.211	0.218	0.233
安徽	0.061	0.064	0.07	0.078	0.083	0.097	0.11	0.114	0.123	0.129	0.132	0.141
福建	0.136	0.14	0.156	0.168	0.177	0.197	0.217	0.233	0.256	0.262	0.281	0.305
江西	0.099	0.108	0.119	0.133	0.134	0.151	0.17	0.18	0.19	0.194	0.197	0.209
山东	0.046	0.049	0.054	0.062	0.064	0.068	0.074	0.078	0.094	0.097	0.1	0.105
河南	0.04	0.042	0.048	0.053	0.055	0.062	0.068	0.073	0.084	0.09	0.093	0.101
湖北	0.052	0.055	0.062	0.071	0.077	0.087	0.099	0.107	0.13	0.14	0.148	0.162
湖南	0.049	0.052	0.058	0.066	0.069	0.075	0.086	0.094	0.112	0.12	0.127	0.136
广东	0.064	0.068	0.073	0.08	0.08	0.084	0.091	0.095	0.106	0.11	0.115	0.123
广西	0.079	0.084	0.092	0.101	0.102	0.119	0.133	0.138	0.152	0.157	0.163	0.17
海南	0.61	0.631	0.666	0.804	0.823	0.927	0.813	0.863	0.934	0.964	0.953	1
重庆	0.128	0.133	0.145	0.164	0.171	0.188	0.213	0.232	0.29	0.306	0.326	0.356
四川	0.037	0.04	0.046	0.053	0.054	0.062	0.07	0.076	0.089	0.093	0.096	0.102
贵州	0.046	0.051	0.059	0.071	0.076	0.085	0.098	0.108	0.136	0.149	0.164	0.178
云南	0.058	0.061	0.068	0.078	0.08	0.088	0.101	0.108	0.127	0.132	0.141	0.149
陕西	0.098	0.108	0.121	0.141	0.148	0.168	0.19	0.204	0.227	0.236	0.23	0.24
甘肃	0.079	0.085	0.094	0.105	0.11	0.126	0.143	0.152	0.165	0.174	0.173	0.187

省份/直辖市/自治区	2005 年	2006 年	2007 年	2008 年	2009 年	2010 年	2011 年	2012 年	2013 年	2014 年	2015 年	2016 年
青海	0.287	0.309	0.348	0.406	0.435	0.493	0.505	0.531	0.555	0.572	0.578	0.614
宁夏	0.183	0.192	0.221	0.273	0.294	0.341	0.372	0.398	0.415	0.429	0.421	0.449
新疆	0.106	0.111	0.116	0.126	0.119	0.136	0.136	0.129	0.124	0.122	0.116	0.113

注：本表未统计我国西藏、香港、澳门、台湾地区数据。

由表 5-1 可知，在统一前沿面下，我国各地区水–能源–粮食协同度呈现两极分化的特征，只有少部分地区达到前沿面，大部分地区距离前沿面较远。实现 DEA 有效的决策单元为 2014 年的天津和 2016 年的北京、天津、海南，表明北京、天津和海南的投入产出效率值位于前沿面上，其他各地区的投入产出效率均未达到前沿面，且距离前沿面越远相对效率值越小。整体而言，只有北京、天津、上海、海南、青海、宁夏达到较高的协同度水平，其 2016 年的协同度值分别为 1、1、0.585、1、0.614、0.449，但是此六个省/直辖市/自治区的初始协同度在 2005 年已处于相对较高的水平。因此，可认为在水–能源–粮食协同变化过程中，没有省级地区实现跨越式发展，即在评价周期内，实现由低级协同度水平向高级协同度水平跨越。一方面，因为水–能源–粮食耦合系统并未引起足够的重视，故实践中的资源治理政策仍以单一资源治理政策为主，资源协同治理政策依旧不是主流；另一方面，由于各个地区的发展水平不一致，外部环境影响因素制约着决策单元协同度评价，有必要将所有决策单元放置于"最坏"环境中。

同时，在统一前沿面下，我国大部分地区水–能源–粮食协同度呈现持续增加的特征，少数地区的增长在特定年份呈现波动性特征，比如 2009 年的天津、黑龙江和新疆，低于 2008 年的效率值。由此可知，一方面，我国单一资源的治理政策有助于促进水–能源–粮食耦合系统的协同发展，但是单一资源的治理政策所实现的协同度提升受地区差异和初始条件差异的影响，且无法实现水–能源–粮食协同的跨越式发展。另一方面，增长的波动性特征表明，外部经济事件的冲击会影响水–能源–粮食耦合系统的协同发展程度，其影响路径为各地区的"产业结构→水–能源–粮食消费量"（LI et al., 2016），因为大部分水、能源和粮食资源的消费均为生产性消费。

5.3.2 第二阶段：随机前沿分析的环境因子影响路径

根据 5.2 节关于三阶段 DEA 模型的论述，本节运用随机前沿分析（SFA）剖析环境因子（UR、SIR、WWTC）对投入指标冗余值的影响路径并调整投入指标。采用 UR、SIR、WWTC 的面板数据（30 个省级行政区 2005—2016 年样本数据），分别构建包含四个投入变量（W_C、E_C、F_P、WG）冗余值的 SFA 模型，运用 Frontier4.1 软件对四个随机前沿方程展开估计。其中，面板数据的描述性统计特征如表 5-2 所示；SFA 模型及具体参数值如表 5-3 所示。

SFA 模型数据集的描述性统计特征　　　　　　　　　表 5-2

评价指标	样本量	均值	方差	最小值	最大值
W_C 冗余值	360	162.94	18528	0	549.43
E_C 冗余值	360	98.6	6010.43	0	343.31
F_P 冗余值	360	18.2	243.91	0	65.43
WG 冗余值	360	134.45	9014.76	0	418.5
UR	360	52.38	196.91	26.87	89.6
SIR	360	47.1	63.99	19.26	61.5
WWTC	360	428.8	141692.13	8.5	2039.1

SFA 模型及其参数值　　　　　　　　　表 5-3

冗余值	常数项	SIR	UR	WWTC	σ_ε^2 值	Γ 值	单边 LR 检验值
W_C	326.959	0.460	0.508	0.024	21815.6	0.993	1058.688
	（113.22）***	（4.167）***	（3.382）**	（4.216）**		（2380）***	
E_C	90.543	0.355	2.390	0.075	25760.4	0.995	805.483
	（7.243）***	（2.049）*	（15.423）***	（17.49）***		（785）***	
F_P	37.114	−0.090	0.231	0.004	432.24	0.985	910.161
	（14.86）***	（−3.64）**	（6.72）***	（3.55）**		（1537）***	
WG	193.204	0.018	1.415	0.049	18203	0.915	297.074
	（4.695）***	（0.033）	（2.85）**	（2.93）**		（85.7）***	

注：（）内的数值为参数估计值的 t 值；*、**、***分别表示参数估计值通过了 10%、5% 和 1% 显著性水平下的 t 检验。

由表 5-3 可知，四个 SFA 模型的 Γ 值较高（均接近于 1）且在 1% 的显著性水平下通过了 t 检验，表明管理无效率项主导着随机前沿方程的误差项、运用随机前沿模型进行估计是适合的；由单边 LR 检验值较大（均大于 200）亦可知，LR 统计量大于混合卡方分布的临界值，可认为模型存在管理无效率项，可采用随机前沿模型进行参数估计。综上可知，本次 SFA 估计是有效的。

在影响要素的系数估计值中，正向估计值（比如 UR 和 WWTC 的估计值）表明投入指标的冗余值随着该要素的增加而增加，从而降低该要素的投入 - 产出效率，即此类影响要素的规模扩张将增加投入指标的冗余值，进而降低耦合系统投入产出效率值，故需要减小此类影响要素的规模才能实现协同度的提升；负向估计值（比如 SIR 对 F_P 的估计值）的作用则相反，需要增加系数为负数的影响要素规模才能提升协同度。

整体而言，SIR、UR 和 WWTC 对投入指标冗余值均存在正向作用，表明二产占比、城镇化和污水处理能力的提升均会带来水资源和能源消费规模扩大、粮食产量和废气排放量的增加，产出不变的前提下，投入规模的扩大将降低系统投入–产出效率，即协同度。只有 SIR 对 F_P 存在负向作用，因为二产占比的提升将会扩大工业生产的规模，进而通过更大规模的化石燃料燃烧，释放大量的 SO_2、CO_2 等有害物质，降低粮食产量，比如 SO_2、CO_2 等有害物质形成酸雨使土壤酸化可减少 13%～34% 的小麦产量（王娜等，2015）。此结果与第 4 章的估计结果相一致，可参考图 4-2，WG 通过水资源消费的增加而降低粮食产量。此外，城镇化率对投入指标冗余值的解释强度偏高，即具有较高的系数估计值，比如 UR 对 SIR 的系数估计值为 2.39，而污水处理能力的解释强度偏低，即具有较低的系数估计值，比如 WWTC 对 F_P 的系数估计值为 0.004，表明城镇化进程对水–能源–粮食耦合系统具有全方位的影响作用；由第 4 章联立方程模型的分析结果可知，城镇化率的提升通过降低水资源消费总量而提高粮食产量。

具体而言，经济子系统中的二产占比（SIR）对废气排放量冗余值具有正向作用，但却没能通过参数估计在 10% 显著性水平下的 t 检验，表明与 UR 和 WWTC 相比，SIR 对 WG 的贡献较弱，即 UR（系数估计值为 1.415）主导着各个决策单元的废气排放量冗余值；SIR 对水–能源的解释力度要强于对粮食产量的解释力度，因为二产占比的增加表明工业生产规模的扩大，将直接带来更大规模的水和能源消耗，而其对粮食产量的影响需借助废气排放形成酸雨的间接作用来实现。社会子系统中的城镇化率（UR）和环境子系统中的污水处理能力（WWTC）对水–能源–粮食耦合系统投入指标冗余值均具有正向作用，表明两者的增加都将带来四大投入指标冗余值的增加，进而降低耦合系统协同度，表明快速城镇化进程和严格环境保护措施均会降低水–能源–粮食耦合系统协同度，由系数估计值可知，UR 作用程度要强于 WWTC。

5.3.3 第三阶段：投入调整后的耦合系统"真实"协同度

基于表 5-3 的参数估计值，并利用公式(5-7)～公式(5-10)，可计算出调整后的投入指标值，本研究运用 R 语言进行计算，具体代码如附录Ⅱ所示。最后，将调整后的投入值与原产出值再次运用BC²模型进行 DEA 效率测算，即可获得 360 个决策单元的"真实"协同度，其结果如表 5-4 所示。

投入调整后的 DEA 相对效率值（"真实"协同度）   表 5-4

省份/直辖市/自治区	2005 年	2006 年	2007 年	2008 年	2009 年	2010 年	2011 年	2012 年	2013 年	2014 年	2015 年	2016 年
北京	0.422	0.465	0.534	0.58	0.606	0.658	0.727	0.774	0.836	0.87	0.93	1
天津	0.382	0.414	0.463	0.548	0.583	0.652	0.748	0.811	0.868	0.915	0.947	1
河北	0.197	0.217	0.25	0.285	0.296	0.334	0.394	0.42	0.443	0.451	0.446	0.464
山西	0.157	0.177	0.214	0.256	0.257	0.301	0.36	0.384	0.397	0.394	0.391	0.394

续表

省份/直辖市/自治区	2005 年	2006 年	2007 年	2008 年	2009 年	2010 年	2011 年	2012 年	2013 年	2014 年	2015 年	2016 年
内蒙古	0.222	0.274	0.342	0.438	0.489	0.564	0.674	0.73	0.773	0.8	0.794	0.796
辽宁	0.214	0.242	0.285	0.339	0.372	0.431	0.502	0.548	0.58	0.612	0.61	0.482
吉林	0.173	0.204	0.246	0.297	0.331	0.388	0.469	0.523	0.569	0.599	0.601	0.634
黑龙江	0.182	0.204	0.226	0.268	0.277	0.33	0.394	0.431	0.419	0.434	0.432	0.441
上海	0.423	0.465	0.521	0.563	0.577	0.632	0.692	0.715	0.756	0.812	0.871	0.976
江苏	0.264	0.29	0.344	0.384	0.421	0.468	0.544	0.595	0.652	0.705	0.753	0.823
浙江	0.313	0.352	0.404	0.448	0.47	0.528	0.603	0.637	0.67	0.701	0.732	0.772
安徽	0.13	0.144	0.164	0.195	0.215	0.266	0.324	0.356	0.382	0.404	0.419	0.469
福建	0.242	0.269	0.32	0.359	0.403	0.47	0.546	0.59	0.631	0.681	0.731	0.789
江西	0.145	0.167	0.195	0.229	0.242	0.291	0.352	0.381	0.416	0.444	0.463	0.504
山东	0.236	0.27	0.308	0.356	0.385	0.427	0.481	0.515	0.57	0.595	0.612	0.637
河南	0.167	0.189	0.219	0.255	0.268	0.312	0.356	0.383	0.412	0.436	0.448	0.478
湖北	0.152	0.172	0.209	0.25	0.283	0.334	0.396	0.44	0.484	0.524	0.555	0.596
湖南	0.154	0.165	0.201	0.243	0.262	0.309	0.368	0.404	0.451	0.481	0.502	0.534
广东	0.267	0.281	0.321	0.352	0.362	0.375	0.432	0.458	0.496	0.53	0.561	0.611
广西	0.128	0.139	0.165	0.19	0.183	0.24	0.314	0.34	0.376	0.398	0.419	0.446
海南	0.168	0.19	0.217	0.254	0.272	0.334	0.398	0.44	0.478	0.517	0.537	0.575
重庆	0.169	0.187	0.218	0.262	0.287	0.337	0.407	0.449	0.495	0.541	0.582	0.637
四川	0.136	0.157	0.187	0.213	0.233	0.281	0.335	0.372	0.402	0.42	0.436	0.464
贵州	0.092	0.107	0.131	0.161	0.178	0.201	0.244	0.287	0.325	0.368	0.409	0.441
云南	0.125	0.14	0.167	0.195	0.206	0.23	0.276	0.31	0.35	0.372	0.388	0.412
陕西	0.158	0.182	0.218	0.267	0.293	0.348	0.419	0.467	0.513	0.547	0.545	0.574
甘肃	0.126	0.144	0.167	0.191	0.204	0.243	0.289	0.316	0.348	0.37	0.365	0.384
青海	0.151	0.176	0.211	0.266	0.276	0.33	0.391	0.428	0.469	0.497	0.517	0.538
宁夏	0.151	0.175	0.215	0.274	0.301	0.363	0.434	0.472	0.506	0.528	0.544	0.576
新疆	0.199	0.223	0.248	0.287	0.291	0.353	0.415	0.461	0.506	0.539	0.532	0.532

注：本表未统计我国西藏、香港、澳门、台湾地区。

1. 不同地区的结果分析

由表 5-4 可知，剔除外部影响因素和随机误差之后，①实现 DEA 有效的决策单元数量减少，调整后，只有 2016 年的北京市实现了 DEA 有效，即达到调整后的前沿面。②达到高协同度（效率值为 0.6 及以上）的决策单元数量急剧增加，共有 34 个决策单元协同度达到 0.6 及以上；其中，2016 年的上海市和江苏省达到 0.976 和 0.823。与此相反，海南、青海等决策单元的"真实"协同度水平由接近或位于调整前的前沿面变化为远离调整后的前沿面。③对 2005—2016 年中国各个省级行政单位而言，单一资源治理政策的"真实"效果可极大促进决策单元协同度的提升。④决策单元的时序变化不再呈现波动性特征，即使面临外部冲击，依旧实现耦合系统协同度的平稳增长，表明外部冲击通过外部影响要素和随机误差作用于决策单元，当剔除外部影响要素和随机误差项后，外部冲击的影响也随之减弱。因此，外部环境要素和随机误差降低了决策单元的协同度水平；当所有决策单元均面临最坏决策环境时，不仅呈现了各个决策单元的"真实"协同度水平，还反映了不同决策单元管理水平的差异。

具体而言，部分地区实现了跨越式发展，包括北京、天津和贵州三个地区。在面临最坏决策环境时，北京市和天津市借助"京津冀协同发展"的理念，通过产业、交通和资源的宏观最优化布局，最终实现跨越式发展；其中，2005—2011 年上海市的协同度水平仍高于北京市和天津市，但是自党的十八大以来，尤其是 2015 年京津冀协同发展规划发布以来，北京市和天津市各年份决策单元的协同度均高于同期上海市的协同度，实现了跨越式发展。与北京市和天津市实现跨越式发展不同，贵州省的跨越式发展是抓住新型产业的发展机遇、增强内生增长驱动力，即通过实施大数据战略推动地区数字经济快速发展；其中，2005—2014 年贵州省各决策单元协同度水平仍低于甘肃省和云南省，处于全国各地区最低的协同度水平（未超过 0.3），但是自 2014 年开始发展大数据产业以来，2015 年和 2016 年贵州省决策单元的协同度水平均高于甘肃省和云南省的决策单元，实现了跨越式发展。

2. 不同区域的结果分析

基于我国区域发展战略，30 个省级行政单元可被划分为 3 个区域（东部、中部、西部）、4 个区域（东部、中部、西部、东北）或 7 个区域（华东、华中、华北、华南、西南、西北、东北）。在现有水-能源-粮食耦合系统研究中，部分研究（比如 HAN et al., 2020）结果的呈现和分析往往基于 X 个区域展开，不仅是因为水-能源-粮食耦合系统具有属地化特征，还因为水、能源和粮食资源的供给具有空间依赖性，需要从区域视角探究空间关联性。比如，北京市的地表水资源，除了降雨外，大部分均来源于潮白河和永定河的上游来水。为此，本研究将 30 个省级行政单元归集为 4 个区域，即东部、中部、西部和东北。

由图 5-3 可知，2005—2016 年，各区域的真实协同度水平均快速上升；只有东北地区的真实协同度水平由 2015 年的 0.548 下降至 2016 年的 0.519，略低于西部地区 2016 年的真实协同度水平（0.527），主要原因在于东北地区正经历经济低速增长、人口高速流出的区域发展阵痛期。比如，与第五次人口普查相比，第六次人口普查数据显示，东北地区人口总量占全国总人口的比重下降了 1.2%。东部地区的效率最高，且显著高于东北、中部和西部区域，意味着东部地区的高质量发展、高管理效率驱动着高协同效率。这与 SUN et al.（2022）的研究结论相一致，即部分东部省份拥有更优越的资源管理能力和效率去处理本地资源供需不平衡的矛盾。虽然西部地区和中部地区的效率都显著低于东部地区，但是在评价期内，西部地区的增长速度快于中部地区，表现为西部地区的增长曲线拥有更陡的斜率。西部和中部地区 2005 年的协同度水平均为 0.151，到 2016 年，西部地区的协同度水平（0.527）比中部地区协同度水平（0.496）高约 6%。为促进区域协调发展，我国针对东北、西部和中部地区分别出台了东北振兴、西部大开发、中部崛起的国家战略，从"真实"协同度的发展结果来看，此类战略兜住了底线，即推动各区域紧跟东部地区快速增长，但是却未能实现跨越式增长，即东北、中部、西部地区的协同度水平仍低于东部地区。

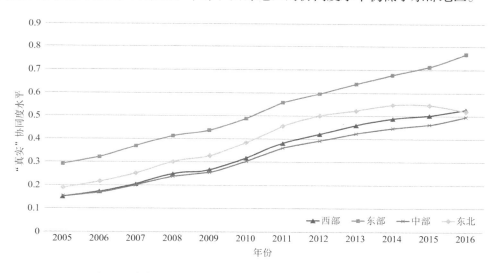

图 5-3　东部、中部、西部、东北地区的"真实"协同度水平

5.3.4　水 – 能源 – 粮食协同度测度结果对比分析

由表 5-1 和表 5-4 的结果分析可知，当前以单一资源治理为主的政策体系并配合具有地方特色的外围关联治理政策，比如区域协同发展、增强区域内生增长动力等，有助于实现区域耦合系统协同度跨越式提升发展；外部环境影响要素和随机误差影响着决策单元的协同度评价，大部分决策单元的协同度水平都在调整后获得了提升。由于表 5-1 和表 5-4 的测算结果分别基于不同的前沿面，具有差异化的测算基础，直接对比两表的数值以反映调整前后的变化是不合理的（ZHANG et al., 2017）。为进一步探究决策单元在投入指标调整

前和调整后的变化情况，本研究聚焦 30 个省级行政单元 2005—2016 年投入产出效率均值的排名变化情况，如表 5-5 所示，横向比较不同区域耦合系统协同度的变化情况。

水－能源－粮食耦合系统平均效率值、排名及排名变化情况　　　　　表 5-5

省份/直辖市/自治区	第一阶段		第三阶段		排名变化	省份/直辖市/自治区	第一阶段		第三阶段		排名变化
	均值	排名	均值	排名			均值	排名	均值	排名	
北京	0.7	3	0.7	1	2	天津	0.8	2	0.694	2	0
上海	0.43	5	0.667	3	2	吉林	0.216	8	0.42	11	−3
福建	0.211	9	0.503	7	2	黑龙江	0.116	18	0.337	21	−3
四川	0.068	28	0.303	25	3	安徽	0.1	22	0.289	26	−4
新疆	0.121	17	0.382	12	5	山西	0.103	19	0.307	24	−5
湖南	0.087	26	0.34	20	6	云南	0.099	23	0.264	28	−5
浙江	0.169	11	0.553	5	6	陕西	0.176	10	0.378	15	−5
河南	0.067	29	0.327	22	7	重庆	0.221	7	0.381	13	−6
辽宁	0.124	16	0.435	9	7	宁夏	0.332	6	0.378	14	−8
湖北	0.099	24	0.366	16	9	贵州	0.102	20	0.245	30	−10
内蒙古	0.156	13	0.575	4	9	江西	0.157	12	0.319	23	−11
河北	0.063	30	0.350	19	11	广西	0.124	15	0.278	27	−12
广东	0.091	25	0.421	10	15	青海	0.470	4	0.354	18	−14
江苏	0.102	21	0.52	6	15	甘肃	0.133	14	0.262	29	−15
山东	0.074	27	0.449	8	19	海南	0.833	1	0.365	17	−16

注：0 代表排名不变；"−" 代表排名下降；本表未统计我国西藏、香港、台湾、澳门地区。

由表 5-5 可知，海南和北京分别位于调整前和调整后排名第一的省市。在剔除外部环境因素（UR、SIR、WWTC）和随机误差项的影响后，各省级行政单元水－能源－粮食耦合系统协同度排名呈现上升、不变和下降三类态势。其中，大部分地区（15 个）的排名上升，表明外部环境因素和随机误差项制约着此类地区耦合系统协同度的提升；此类地区多位于东部沿海或内陆沿江地区，包括山东、江苏、广东、上海、福建、湖北等，拥有更合理的产业结构、更高的管理水平、更新的技术资源，但是往往也面临着巨大的水、能源和粮食安全压力，比如中国东部沿海省市面临着巨大的水、能源和粮食供需平衡压力（NIVA et al.，2020）。部分地区（14 个）的排名下降，意味着外部环境因素和随机误差项有助于提升此类地区的耦合系统协同度；此类地区多位于我国中西部地区，经济发展水平相对落后且产业结构相对单一，包括海南、甘肃、青海、广西、贵州等。只有天津市排名不变，调整前后均位于第二。

调整后，部分地区的排名经历巨大的变化（超过 15 名的变化）。在排名上升的地区中，广东、江苏和山东的排名位次分别为 15 位、15 位和 19 位。2023 年，此三大省份的地区生产总值持续领跑，稳居全国前三，外部环境因素和随机误差项制约着其耦合系统协同度的提升。山东是我国重要的能源和粮食生产基地，面临着水资源短缺的风险，是南水北调东线工程的重要受水区域，目前，正采取腾笼换鸟的方式转向高新技术和清洁生产行业。尽管山东的城镇化率（61.51%）高于全国平均水平（60.6%），但是其城镇人口密度却低于全国平均水平，意味着山东城镇化进程仍处于规模扩张阶段，下一步，迫切需要提升城镇化质量，以提升耦合系统协同度。江苏是水、能源和粮食稀缺的地区，需要从外省市调入大量的能源和粮食，比如江苏和山西政府主导、企业合作的"晋电送苏"模式，规划合作目标为山西向江苏送电 1000 万 kW，以满足江苏用电需求量大、一次能源缺乏的能源供需矛盾。然而，受外部环境因素的影响，江苏的高管理效率往往被低估，比如 ZHANG et al.（2017）在剔除外部环境因素对江苏绿色产业发展的影响后，江苏的产业管理效率获得巨大提升。广东水资源丰富，但是能源和粮食资源均需从外省市调入。广东作为经济发达地区，拥有丰富的经济发展和企业管理经验，这些经验往往伴随着考察学习和东西部产业转移而迁入西部地区。在排名下降的地区，甘肃和海南的排名位次分别下降 15 位和 16 位。此两个省份均依赖于输入型能源，且经济增长速度慢。海南省第二产业占比为 20.7%，位于全国倒数第二，其第二产业主要以石油加工业、电力热力生产和供应业等能源密集型产业为主，2020 年，两大产业分别占海南工业总产值的 23.28% 和 14.14%（海南省统计局，2021）。这种以能源密集型产业为主的第二产业，将通过扩大能源消费总量而降低耦合系统协同度。

在我国区域发展战略中，比如东北振兴、京津冀协同发展等，受同一发展战略影响的各地区，其排名存在同向变化和非同向变化的差异。同向变化意味着区域发展战略同向作用于各地区，非同向变化表明各地需要因地制宜贯彻落实区域发展战略。比如，东北振兴战略涉及辽宁、吉林和黑龙江，其中，辽宁在调整后排名提升了 7 位，而吉林和黑龙江在调整后均下降 3 位；京津冀协同发展战略涉及北京、天津和河北，调整后，各地排名分别上升 2 位、0 位和 11 位，意味着外部环境因素和随机误差项制约了京津冀地区耦合系统协同度的提升。比如北京通过首钢搬迁曹妃甸的产业结构调整和创新驱动发展战略的实施，提高了北京资源利用效率，带动了河北产出水平的提升。

5.4　本章小结

通过三阶段 DEA 模型，剔除了外部环境影响要素和随机误差项对决策单元投入指标的影响，我们发现：①实现 DEA 有效的决策单元数量减少，大部分决策单元的"真实"协同度排名获得了提升；经济发达地区（比如东部地区）的"真实"协同度水平均高于经济发展落后地区。表明经济发达地区拥有更高的管理水平、更先进的技术水平、更大规模的资源集聚，有助于提升资源利用效率。②决策单元在评价周期内的协同发展水平获得稳步提升，且"真实"协同度的提升效果更显著。③城镇化和产业结构调整对水-能源-粮食耦合系统协同度具有重大影响，一方面，在第二阶段的 SFA 模型系数拟合值中，城镇化率（UR）对投入指标冗余值的解释程度均高于二产占比（SIR）和污水处理能力（WWTC）；另一方面，调整前后的协同度水平对比发现，经济发达地区的增长幅度均较大，比如江苏、浙江、广东，而经济发展落后、产业结构单一地区的协同度减少幅度较高，比如海南、青海。

第 **6** 章

区域水-能源-粮食协同发展对策建议

水－能源－粮食关联作为资源综合治理的新理念，是实现区域可持续发展的新视角，如何调控水－能源－粮食耦合系统"黑箱"，确保水－能源－粮食耦合系统与区域可持续发展进程相适应，是未来实现可持续发展的关键。第 4 章的研究结论表明系统要素均可通过子系统序参量影响水－能源－粮食耦合系统协同度，第 5 章的研究结论进一步证实了城镇化率、二产占比等要素对耦合系统协同度的重大影响，但是系统要素对系统协同度的影响方式和影响路径依旧不清晰，现有研究深度仍不足以揭示是否存在系统要素的决策拐点，难以有效发挥系统要素的调控作用。因此，本章基于水－能源－粮食协同发展目标的设立和政府调控工具的梳理，借助水－能源－粮食耦合系统协同度与区域社会－经济－环境大系统调控要素间的演变图谱，展开调控要素决策拐点分析，识别调控要素在不同发展阶段的影响路径，提出有助于促进我国区域水－能源－粮食耦合系统协同发展的对策建议。

6.1　区域水－能源－粮食协同发展的目标、工具与调控要素

6.1.1　区域水－能源－粮食协同发展目标设立

在可持续发展背景下，区域可持续发展不仅包括社会、经济和环境的可持续发展，还包括核心资源的可持续利用。根据城市中国计划（Urban China Initiative，UCI）[①]2017 年发布的《城市可持续发展指数 2016》报告（华强森等，2017），深圳市经济、社会、环境三个方面的可持续发展指数得分均超过 90 分，但是其资源利用方面的可持续发展指数得分仅为 37.5 分，远低于样本城市平均得分 51.8 分；可持续发展综合得分排名前 10 位的城市，在资源利用方面的得分均未能名列前 10。《可持续发展蓝皮书：中国可持续发展评价报告（2023）》显示，我国省域可持续发展水平不断提高，无论是经济发展、环境状况，还是消耗排放控制都呈现出积极的态势。2021 年，可持续发展水平排名前三位的是北京、上海和浙江，均为东部地区。尽管综合得分排名靠前、可持续发展水平高的城市代表着更高的资源转换效率，但是省域可持续发展中的高投入高产出成了不可否认的事实，这是因为政府绩效考核中经济指标的压力、资源消耗主体间的经济人行为、地方政府相较于中央政府的信息优势，导致地方政府会扩大自然资源的投入，并造成资源的非理性消费，即城市发展过程中资源环境的软约束（郝韦霞，2010）。由此可知，我国各地区社会－经济－环境的可持续发展与资源利用的可

---

① 城市中国计划由麦肯锡公司携手清华大学公共管理学院和哥伦比亚大学全球中心|东亚于 2011 年共同合作创建。资料来源：http://www.urbanchinainitiative.org/zh/index.html。访问时间：2019 年 1 月 6 日。

持续发展不匹配，而资源作为区域可持续发展的底线，尤其是水－能源－粮食资源作为人类经济和社会发展的基本生命线，资源的可持续利用将为区域可持续发展提供保障。

协同发展承认各组成部分之间的差异，要求各组成部分围绕特定目标相互协作，形成目标一致、优势互补、互利共赢的共同体。比如，京津冀协同发展强调北京、天津和河北如同一朵花上的花瓣，瓣瓣不同，却瓣瓣同心。为此，协同发展目标为耦合系统各组成部分的未来发展提供了指引，比如，京津冀协同发展的目标是解决北京"大城市病"，基本出发点是疏解北京非首都功能；也是检验各组成部分能否协同发展的关键，比如五个手指各有长短，五指能否协同的关键检验是能否拾起部件、握笔写字等。基于2.1节的论述可知，可持续发展过程包含三个方面的内容：韧性增强、效率提高、参与度广；与之相对应，要实现资源可持续利用的终极目标，需要借助水－能源－粮食协同发展，以促进资源安全、提高资源效率、确保资源公平。其中，资源安全是基础，也是韧性增强的目标，等同于生理和安全的需求；效率提高是手段，等同于社交的需求，强调资源间的关联；资源公平是保障，等同于尊重和自我实现的需求，强调利益相关者的参与。

1. 安全性目标

安全性是指公式(3-1)、公式(3-3)和公式(3-5)所测算的资源需求量获得保质保量的满足，可参考3.2节。安全性目标是指在一定的时间、空间和技术条件下，人类社会和自然系统的资源合理需求能够获得有效满足，即资源供给能保质保量地满足资源需求，聚焦于资源的供给端。尽管确保资源安全是资源可持续利用的首要目标，安全视角也是水－能源－粮食关联的初始研究视角，但是实践中并不存在获得一致认可的"水－能源－粮食关联"安全定义。从单一资源安全（水资源安全、能源安全、粮食安全）[①]定义的发展历程可知（LEESE & MEISCH，2015），资源的安全不仅在于满足经济、社会发展的需要，还需要考虑区域自然资源系统的阈值要求，强调资源的攫取和废弃物的排放均需严格限制于自然资源系统的阈值以内。因此，水－能源－粮食耦合系统的安全不仅表现于：在面对外部冲击、气候变化等威胁时，通过提升基础设施系统、应急管理系统的韧性，降低外部冲击所形成的不安全状态，并尽早恢复至新常态；还表现于：通过加强资源综合治理，降低因系统关联、级联效应等引致的顾此失彼，比如尽可能避免"因电力补贴政策而引起地下水枯竭"的风险。

2. 效率性目标

效率性是指水－能源－粮食耦合系统协同发展水平的提升，可以表现为相同的产出消耗了更少的投入，或者相同的投入获得更多的产出。效率性目标包括资源的生产效率、消

---

① 目前，单一资源的安全状态已形成具有广泛认可的概念界定（HOFF，2011）。水资源安全被界定为："The availability of, and access to, water for human and ecosystem uses"；能源安全被界定为："Access to clean, reliable and affordable energy services for cooking, heating, lighting, communications and productive uses"；粮食安全被界定为："All people, at all times, have physical and economic access to sufficient, safe and nutritious food to meet their dierary needs and food preferences for an active and healthy life"。

费效率和管理效率,聚焦于"资源(生产)→服务(消费)→废弃物(管理)"的全过程。鉴于水、能源和粮食的重要性,以及未来供给的巨大不确定性,HOFF(2011)最早从安全视角聚焦于资源供给端的生产效率,提出了关联路径三大原则之一的效率原则,即"以更少投入获取更大产出(Creating More with Less)",包括水资源利用效率、土地生产率等;通过提升资源利用效率、生产效率等,应对资源供给的不确定性。对关联资源而言,生产效率与消费效率往往汇聚于资源的生产过程,两者相互依赖且相互促进,比如水资源的生产过程蕴含了能源的消费过程,故水资源生产效率提升与能源消费效率提升的目标均在于"更少的能源消费获取更多的水资源"。尽管技术、设施设备可行性是效率提升的基本条件,但是在实践中,采用可行技术、建设完善基础设施体系以提升资源效率的激励却来源于利益的合理分配,比如河流上游污水处理的成本应在河流上下游用水主体间分摊。因此,通过引入市场机制(比如水权制)和设置主体间合作机制(比如流域上下游补偿机制),将有助于提高资源和利益的分配效率(JALILOV et al., 2015),进而推动共同体系统效率的提升。

3. 公平性目标

公平性是指参与合作的各个组成部分承担着应该承担的责任,并获得应得的利益。公平性目标聚焦于资源分配环节,不仅指资源在不同消费主体之间的分配是公平的,即满足各主体(尤其是社会中的弱势群体)生存需要的资源可获取权利得到应有保证,还包括资源在人类活动与生态系统之间的分配是公平的,即资源环境系统的阈值要求应得到满足。此目标强调的是利益相关者的广泛参与,这与水 - 能源 - 粮食耦合系统多学科属性相一致。通过利益相关者的参与,不仅能提供属地化的、跨学科的知识,有助于识别耦合系统的反馈回路,还能确保利益相关者的参与权和知情权,维护社会公平正义。此时,合理的制度设计是确保资源分配公平、参与公平的有效路径(MIDDLETON et al., 2015),地方政府将发挥核心作用。通过听证会、座谈会等形式鼓励利益相关者积极参与资源的治理,以水 - 能源 - 粮食耦合系统为平台,共同设计、共同制作、共同执行未来发展蓝图(ESTOQUE,2023);通过鼓励投资、技术创新、完善设施设备等手段拓宽弱势群体的资源获取渠道,确保弱势群体对资源及资源收益的平等获取权。

6.1.2　水 - 能源 - 粮食耦合系统调控主体确立与工具选取

要实现水 - 能源 - 粮食耦合系统安全性、效率性和公平性目标,需要确立合适的调控主体并借助合理的调控工具。从目标实现的必要性而言,政府和市场都可以作为调控的主体且两者相辅相成,其中,政府主体侧重于安全性和公平性目标、市场主体侧重于效率性目标。尽管政府与市场的关系并不总是和谐且有效率的,但是在单一资源治理实践中,由于资源配置过程中市场失灵的存在，政府对基础性自然资源的管控成为水、能源和粮食资源实现有效配置的关键（TIETENBERG，2003）。鉴于水–能源–粮食耦合系统的跨尺度属性，即属地化、部门化政策影响国家甚至全球尺度的关联部门（ESTOQUE，2023），因此，要实现水–能源–粮食协同发展的目标，需确立以政府（尤其是地方政府）为核心的调控主体，配合市场的资源配置机制，尊重自然资源的分布、更新和发展规律，并纳入行业协会、消费主体、非政府组织（NGO）、生产主体、重点行业企业等利益相关者。

在政府工具上，政府工具是指政府实现其管理职能的手段和方式（陈振明，2009），即政府主体为完成水–能源–粮食耦合系统调控目标而采取的手段、方式及运行机制。目前，政府工具的分类依旧缺乏统一的划分标准，实践中学者们以政府工具的属性为划分标准，包括创新性、强制性、作用机理等，将政府工具分为不同类别，比如传统派–创新派–先锋派工具、规制性–非规制性工具等（王桂云，2011）。尽管地方政府是水–能源–粮食协同发展的调控主体，但是依旧无法忽视市场在资源配置中的作用，故本研究将基于政府的介入程度与角色扮演对政府工具进行分类（张成福，2003），划分为管制类工具、市场类工具、社会类工具、合作类工具，以及新型政府工具。

（1）管制类工具是基于政府的权威、公信力和公权力，以法律、法规和规章制度为依据，通过剥夺或限制利益相关者权利的方式，明令禁止或严格限制资源的开发总量、消费方式及消费强度。政府以"裁判员"的角色确保水–能源–粮食协同发展，具体而言，包括：法律、地方法规、部门规章、管理制度、发展规划等，比如18亿亩耕地红线确保粮食安全，还包括用水定额、税收等。

（2）市场类工具是指政府借助市场分配机制，既以"裁判员"的角色规范和弥补市场机制的失灵现状，又以"运动员"的角色参与并影响水–能源–粮食协同发展目标的实现。其中，政府主体作为"裁判员"采取政策补贴、经济激励、资源定价、开放市场、促进市场（比如水权市场）等方式弥补资源配置中的市场失灵和矫正资源消费中的负外部性；同时，政府主体作为"运动员"，通过政府采购、公共投资、粮食收购计划、特许经营等行为，保护和刺激资源市场的运行。

（3）社会类工具强调利益相关者（个人、家庭、社区、企业、NGO、行业协会、志愿团队等）的自愿参与，是管制类和市场类工具的重要补充（李玲，2012）。最常用的社会类工具为听证会和座谈会，比如水价调整听证会；随着消费者可持续发展理念、环保意识的提升，通过产地标识、环保标识、环境信息公开（比如不同产品的碳排放强度差异）等，从消费端为消费者践行其环保意识提供渠道，并鼓励利益相关者参与资源节约和高效利用的绿色行动中。

（4）合作类工具强调多主体之间的相互合作，包括跨部门、跨尺度、跨地区、跨国界之间的治理合作，共同确保水–能源–粮食协同发展，已被证明是处理外部性的有效工具之一（OSTROM，2009），是应对全球环境治理挑战的重要工具。最常用的方式是建立多主体协调治理机制，采用自上而下的方式，统一目标、细化行动方案，以推动实现协同发展。比如，澜沧江－湄公河水资源治理等跨国治理新机制、中央区域协调领导小组等国家层面协调机构、京津冀协同发展领导小组等区域尺度协调议事机构。

（5）新型政府工具是相对于传统政府工具而言，尽管此类工具仍可被纳入管制类、市场类、社会类、合作类工具，但是为了凸显其处理当前资源困境的生命力而将其视为新型政府工具。在面对动态变化的资源治理实践中，政府工具箱也处在不断扩充与完善中，其中，为适应当前发展水平、技术手段，为解决当前资源困境、促进自然资源可持续发展而提出的政府工具被界定为新型政府工具，包括资源税、碳交易、生态预算等（李玲，2012；王枫云，2009）。此外，随着大数据、人工智能时代的到来，越来越多的数字化、智能化工具被运用到水－能源－粮食协同治理中，比如城市大脑通过综合集成水、能源、粮食在城市范围内的相关数据，可打通数据缺失、数据矛盾等堵点，并基于大数据分析，预判水－能源－粮食的潜在冲突，提前防控风险。

6.1.3 区域社会－经济－环境大系统调控要素识别

在可持续发展背景下，区域社会－经济－环境大系统调控要素蕴藏于社会、经济和环境子系统中。基于第3～5章的理论与实证分析可知，区域大系统对水－能源－粮食耦合系统的影响要素包括：社会子系统中的城镇化率（总人口、城镇人口）、人均GDP；经济子系统中的二产占比、投资活动（PTWI、MII、WEPI、AFAFI），以及环境子系统中的废气排放量、污水处理能力、城市绿地面积。由于区域可持续发展对水、能源和粮食资源的依赖性，影响区域可持续发展的要素均可作为地区大系统的调控要素，比如GDP、人口规模、建成区面积等（华强森等，2017），以促使地区可持续发展与核心资源利用相匹配。

6.2 调控要素的决策拐点分析与影响路径识别

互动关联从治理视角强调水－能源－粮食耦合系统与区域大系统之间的互动关系、发展演化过程中的相互适应性。在宏观层面上，由3.2节核心关联的解构可知，水－能源－粮食耦合系统横跨自然环境圈层和人类活动圈层，为确保人类活动圈层与自然环境圈层的相互适应性，需聚焦于人类活动圈层，并在微观层面上对人类行为展开合理调控，以实现人与自然的和谐发展。基于此，本研究选取水－能源－粮食耦合系统的协同度代表两大圈层的相互适应程度，即协同度越高两大圈层适应性越好，并通过调控要素与协同度的变化趋势分析，挖掘水－能源－粮食耦合系统与区域大系统间的互动关系，为区域水－能源－粮食耦合系统的调控奠定基础。在可持续发展背景下，地区调控要素是指社会、经济、环境和资源子系统中的核心影响要素，包括社会子系统的城镇化率、常住人口规模、建成区面积，经济子系统的地区生产总值（GDP）、二产占比，环境子系统的污水处理能力、城市绿地面积，以及代表资源子系统的一产占比、城市总供水量、火力发电量。

　　基于第 5 章"真实"协同度的测算和第 6.1.3 节区域大系统调控要素的识别，本研究将借助 R 语言进行编程与绘图，构建 30 个省级行政区 12 个年份（2005—2016 年）和 10 个调控要素（城镇化率、常住人口规模、建成区面积；二产占比、GDP；污水处理能力、城市绿地面积；城市总供水量、火力发电量、一产占比）的"散点图 + 趋势线"演变图谱，R 语言的执行代码可参考附录 II。决策拐点是指调控要素与耦合系统协同度间相互影响关系的重要转型决策点，其选取标准主要基于拐点前后两组样本在相互影响关系中的变化，实践中主要基于样本量，比如 UCI 选取了 5%～10% 的样本量作为初始评判标准（华强森等，2017）。决策拐点值仅为估计值，实践中常被用于发展趋势分析和发展规律认知。

6.2.1　社会子系统调控要素

　　社会子系统调控要素包括城镇化率、常住人口规模和建成区面积，其与区域水−能源−粮食耦合系统协同度的演变图谱，分别如图 6-1、图 6-2 和图 6-3 所示。

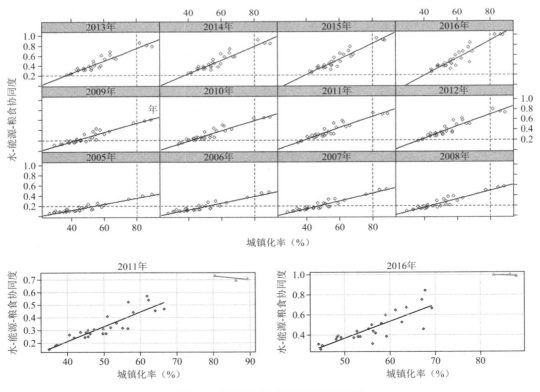

图 6-1　城镇化率−协同度演变图谱

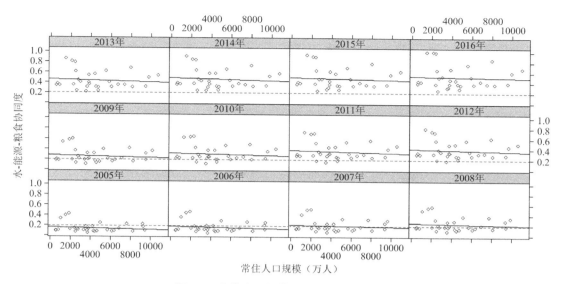

图 6-2　常住人口规模－协同度演变图谱

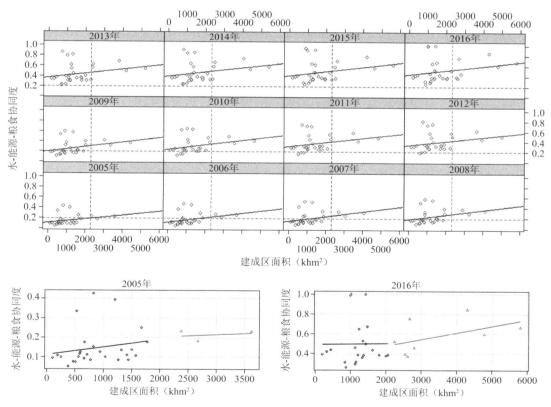

图 6-3　建成区面积－协同度演变图谱

由图 6-1～图 6-3 可知，社会子系统中的调控要素在不同年份与水－能源－粮食耦合系统协同度的影响关系呈现动态变化的特征。首先，城镇化率（图 6-1）对协同度具有正向影响关系，且城镇化率的作用越来越重要，体现为拟合曲线的斜率越来越大。总体而言，可划分为 2005—2010 年和 2011—2016 年两个阶段。在 2005—2010 年阶段，全国的城镇化率小于 50%，随着城镇化率的提高，各地区水－能源－粮食耦合系统协同度均获得提升，表明城镇化进程中的聚集效应有助于提高水－能源－粮食耦合系统的协同度（HUANG et al., 2020）；在 2011—2016 年阶段，全国城镇化率已超过 50%，部分地区（北京、天津、上海）的城镇化率超过 80%，城镇化率对耦合系统协同度的影响出现了以 80% 为界限的拐点效应，低于 80% 城镇化率的地区依旧呈现促进关系，而城镇化率超过 80% 的地区，其协同度不再上升而呈现相对稳定甚至下降（图 6-1，2011）的状态，因为人口的集聚已经达到甚至超越了该地区的资源承载力，两大圈层的相互适应程度降低，比如北京市水资源短缺现状决定了北京市减量发展的策略，需要不断疏解非首都核心功能。未来，随着我国城镇化率的进一步提升，确保资源安全将成为首要议题。但是，现有的证据只来自于我国发达地区的 3 个超大型城市，拐点效应仍值得进一步验证。

其次，常住人口规模（图 6-2）虽然可以促进能源消费量（E_C）的增加，且影响系数为 0.5815，但是常住人口规模与水－能源－粮食耦合系统协同度的相互影响关系较弱，呈现微弱的负相关关系，且此负相关关系并未随着耦合系统协同度的提升而变化，表明随着常住人口的增加，水－能源－粮食耦合系统协同度将下降。2005—2016 年，在计划生育政策调控下，我国总人口增加较为缓慢，未能展现出快速增长的变化趋势，比如"十一五"期间（2006—2010 年）年均出生人口数量约为 1594 万人，尽管我国的生育政策在"十二五"时期（2011—2015 年）获得了调整，但是新增人口数量依旧不高，比如"十二五"时期年均出生人口数量约为 1644 万人[①]。但是，我国水－能源－粮食耦合系统协同度持续快速增长，尤其是部分人口总量相对较低的超大型城市（北京、天津、上海），具有较高的耦合系统协同度，形成了人口规模越低、耦合系统协同度越高的负相关关系。由于各地区常住人口规模变化较小，图 6-2 亦可解读为耦合系统协同度的变化。由图 6-2 可知，从 2005 年到 2016 年，各地区水－能源－粮食耦合系统协同度的差异在不断放大，比如 2005 年绝大部分地区耦合系统协同度均低于 0.2，各地区耦合系统协同度变化范围为[0,0.5]，到 2016 年，所有地区耦合系统协同度均大于 0.2，各地区耦合系统协同度变化范围变为[0.2,1]。

最后，建成区面积[②]（图 6-3）的扩大可以促进水－能源－粮食耦合系统协同度的提升，但是存在明显的拐点效应并依赖于地区发展阶段。其中，建成区面积的拐点值为 2300km²，且以 2012 年为界，分为两个阶段。在第一阶段（2005—2012 年），对于少数突破 2300km² 建成区面积的地区，其协同度呈现稳定的状态，而未达到拐点值的地区依旧呈现相互促进关系，如图 6-3 所示，即随着建成区面积的扩大，耦合系统协同度随之提

---

① 数据来源：《中国统计年鉴 2017》。
② 建成区面积是指市行政区内实际已成片开发建设、市政公用设施和公共设施基本具备的区域。来源：《中国城市统计年鉴 2017》。

升。在第二阶段（2013—2016 年），建成区面积与耦合系统协同度的关系发生根本性变化，即未达到拐点值的地区建成区面积与耦合系统协同度的相互促进关系减弱，表现为拟合曲线的斜率趋近于零；达到拐点值的地区建成区面积与耦合系统协同度的相互促进关系在增强，如图 6-3 所示，拟合曲线斜率由趋近于零增加为正值。由此可知，建成区面积与耦合系统协同度之间不是简单的线性关系，而是受拐点值和发展阶段影响的动态关系。因为建成区面积的扩张，意味着城市基础设施规模的扩大和资源利用效率的提升，同时也需要治理水平的同步增长，否则简单扩大建成区面积不一定能带来协同度的提升。随着我国国土空间规划的出台，各地区的"三区三线"将得到划定和落实，城镇空间、农业空间和生态空间以及相对应的城镇开发边界、永久基本农田保护红线和生态保护红线将得到确认，未来，建成区面积将不得越过城镇开发边界，意味着此调控要素的作用在未来将会减弱。

6.2.2　经济子系统调控要素

经济子系统的调控要素包括地区生产总值和二产占比，其与区域水 – 能源 – 粮食耦合系统协同度的演变图谱，分别如图 6-4 和图 6-5 所示。

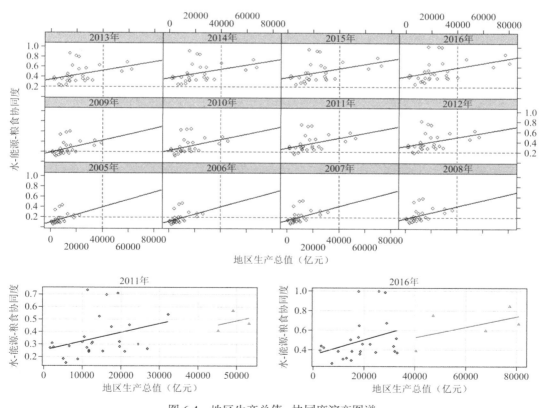

图 6-4　地区生产总值 – 协同度演变图谱

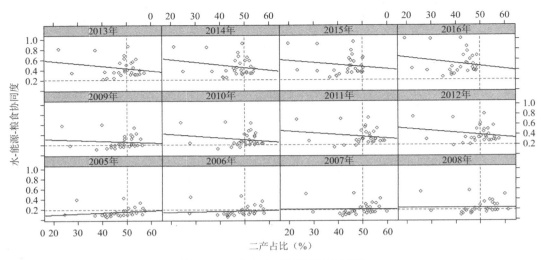

图 6-5　二产占比−协同度演变图谱

由图 6-4 和图 6-5 可知，地区生产总值和二产占比对协同度提升的作用方向并不是始终一致。地区生产总值（图 6-4）能促进水−能源−粮食耦合系统协同度的提升，存在 40000 亿元的"虚拟"决策拐点。"虚拟"是指只有少数地区的要素达到或超过拐点值，但是在以拐点值为界的两类地区中，无论是小于拐点值还是大于拐点值的地区，其要素水平始终能促进协同度的提升（图 6-1，2011 & 2016）。作为经济子系统发展水平的代表，地区生产总值的扩大不仅能够提升水−能源−粮食耦合系统的协同度水平（参考 5.3.4 小节），还可以提高区域大系统的可持续发展能力（华强森等，2017）。主要来源于经济规模扩大所形成的规模效应，以及经济水平提升所带来的高管理水平。现有研究表明：地区生产总值对水−能源−粮食耦合系统具有显著影响（XU et al., 2022），但是影响的形态（比如倒 U 形）与各地区的经济发展水平密切相关，比如，西南经济区的地区生产总值与水−能源−粮食耦合系统之间呈现倒 U 形关系。

二产占比（图 6-5）的演变图谱显示，二产占比与耦合系统协同度是动态关系：在 2005—2008 年阶段具有提升协同度的作用，在 2009—2016 年阶段具有降低协同度的作用。2005—2008 年的提升作用，表明工业化进程通过机械化、规模化，能带来资源利用效率的提升。由于我国工业生产的资源利用效率低，比如 2009 年每 1 万美元工业增加值用水量的世界平均水平为 569m³，我国为 603m³，是日本的 6.9 倍、德国的 1.8 倍（贾金生等，2012），经济系统在外部经济事件（比如 2008 年全球金融危机）冲击后，二产占比已成为制约协同度提升的重要因素（2009—2013 年），两者呈现负相关关系，即二产占比的提升将降低耦合系统协同度。故通过产业结构调整（2014—2016 年），"去产能"，降低第二产业比重，可提升地区水−能源−粮食耦合系统协同度水平。但是，"去产能"的拐点为 50%，即要将二产占比降低到 50% 以内。由此可知，二产占比对协同度提升的影响依赖于第二产业的资源消耗强度与效率，还与外部经济、自然环境事件的冲击密切相关。

6.2.3　环境子系统调控要素

环境子系统的调控要素包括污水日处理能力和城市绿地面积，其与区域水－能源－粮食耦合系统协同度的演变图谱，分别如图 6-6 和图 6-7 所示。

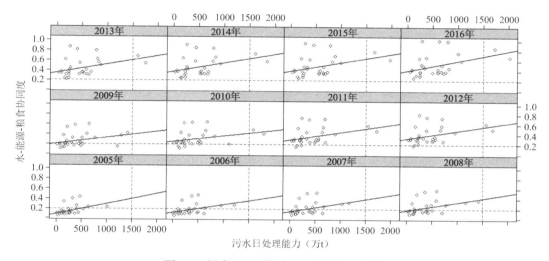

图 6-6　污水日处理能力－协同度演变图谱

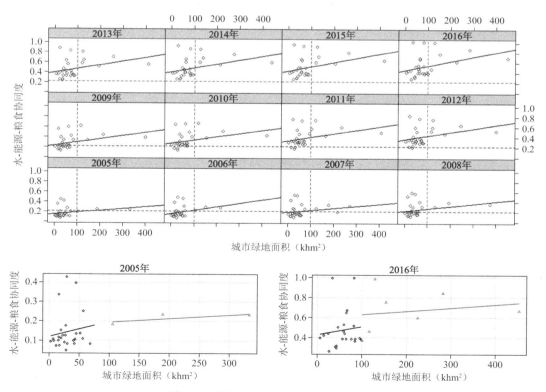

图 6-7　城市绿地面积－协同度演变图谱

由图 6-6 和图 6-7 可知，环境子系统的调控要素均能促进水－能源－粮食耦合系统协同度提升。在污水日处理能力－协同度演变图谱（图 6-6）中，污水日处理能力的增强有助于提升水－能源－粮食协同度且不存在拐点效应，因为污水直排量的减少降低了人类活动对生态系统服务的负面影响，比如水质恶化、土壤污染，保障生态系统服务的基本功能。2005—2016 年，我国污水处理能力均获得提高，2016 年全国城市污水处理厂数量达到 2039 座、污水处理率为 93.44%[①]；广东和江苏在 2005—2016 年的污水处理能力增长最快，2016 年两地区的污水处理能力均超过 1500 万 t。实践中，污水日处理能力取决于各地区经济社会发展水平，同时也受政策因素的影响。比如，《关于推进污水资源化利用的指导意见》（发改环资〔2021〕13 号）提出了我国再生水利用率低的改造目标，不仅意味着要新建部分再生水厂，还要更新改造部分现有的污水处理厂，以实现再生水利用率的目标。

在城市绿地面积－协同度演变图谱（图 6-7）中，城市绿地面积与耦合系统协同度具有相互促进的影响关系，且呈现明显的拐点效应，拐点值为 $100km^2$。首先，城市绿地面积的增加有助于促进耦合系统协同度的提升，因为城市绿地面积代表着城市环境建设水平，是城市生态系统服务的重要衡量指标之一，故其增加代表着城市生态系统得到保护，进而提升耦合系统协同度。其次，由第 4 章的水资源方程拟合结果可知，城市绿地对城市水资源消费具有较强的促进作用，影响强度为 0.4436，即城市绿地面积每增加 1%，水资源消费量将增加 0.4436%。然而，无论是城市绿地的建设还是水资源消费的增加，都依赖于地区经济发展水平，若城市绿地面积增加，虽然会增加水资源消费量，但是地区经济产出也将增加，从而提升水－能源－粮食协同度水平。最后，尽管我国大部分地区的城市绿地面积仍小于 $100km^2$，在城市绿地面积超过 $100km^2$ 的地区，从拟合曲线的斜率可知，耦合协同度水平仍呈现稳步、平和递增的形态。

6.2.4 资源子系统调控要素

资源子系统调控要素包括城市供水总量、火力发电量和一产占比，其与区域水－能源－粮食耦合系统协同度的演变图谱，分别如图 6-8、图 6-9 和图 6-10 所示。

由图 6-8～图 6-10 可知，城市供水总量和火力发电量与水－能源－粮食协同度具有正向影响关系，一产占比的影响关系为负向。首先，作为地区水资源系统调控因素的城市自来水供给量，城市供水总量（图 6-8）的增加可提升水－能源－粮食耦合系统协同度，但是存在 25 亿 m^3 的供给拐点，且 2016 年的拐点效应强于 2005 年（图 6-8，2005 & 2016）。一方面，在供水总量小于 25 亿 m^3 的地区，城市自来水供给量的增加，即家庭用水量和工业用水量的增长，表明该地区城市规模（人口和产业）在扩大，由此带来的集聚效应是水－能源－粮

---

① 数据来源：《2016 年城乡建设统计公报》。

食协同度提升的主要原因。另一方面，在供水总量大于等于 25 亿 m³ 的地区，城市供水总量的增加无法继续快速提升耦合系统协同度，表现为拟合曲线的斜率变得平稳。因为在人口低增速、城镇化率低速增长的现状下，城市自来水供给量增加主要来源于产业用水量的增长，故具有负向影响关系的二产占比将制约耦合系统协同度的提升，呈现平稳增长的状态。

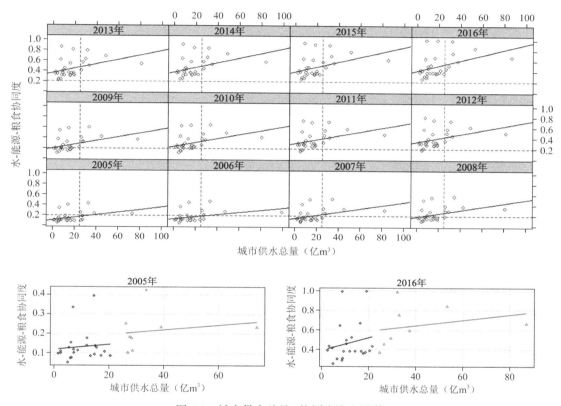

图 6-8　城市供水总量－协同度演变图谱

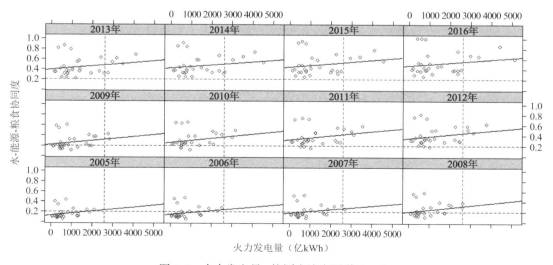

图 6-9　火力发电量－协同度演变图谱（一）

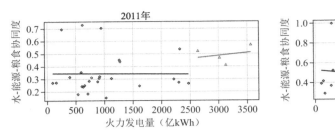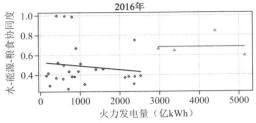

图 6-9　火力发电量–协同度演变图谱（二）

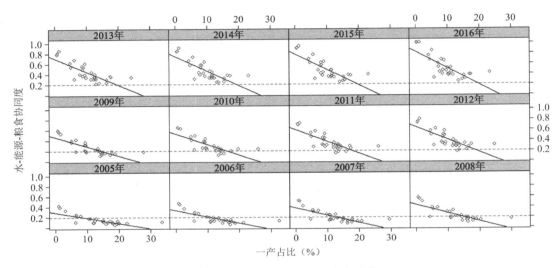

图 6-10　一产占比–协同度演变图谱

其次，在地区能源子系统调控要素的火力发电量中，由图 6-9 可知，火力发电量与地区水–能源–粮食耦合系统协同度之间具有相互促进的影响关系，但是与发展阶段密切相关，且存在 2600 亿 kWh 的决策拐点。具体而言，在 2005—2010 年阶段，火力发电量达到 2600 亿 kWh 的地区样本量较少，所有地区的协同度随着火力发电量的增加而上升，因为此时火力发电量的增长意味着经济的快速发展，表现为火力发电量增加可以提升耦合系统协同度。在 2011—2016 年阶段，随着跨过决策拐点样本量的增加，以 2600 亿 kWh 决策拐点为界，两者关系呈现差异化特征：对于跨过决策拐点的地区，其协同度并未随着火力发电量的增加而快速上升，部分年份（比如 2011 年）仍维持低速增长的状态、部分年份（比如 2016 年）则维持相对稳定的状态，表明盲目扩大火力发电规模并不能快速提升耦合系统协同度，存在边际效益递减的规律。对于未跨过决策拐点的地区，其协同度却随着火力发电量的增加而下降，因为火力发电属于第二产业，故其分布规律仍服从二产占比的负相关分布规律。但是，部分地区的火力发电量不仅为本地生产生活提供能源，也通过跨省合作的方式，将本地的火力发电量发送至外省，比如山西省的火力发电量输送至江苏省，河北省的部分火力发电量输送至北京市。

最后，一产占比（图 6-10）作为粮食系统的调控要素，其与区域水–能源–粮食耦合系统协同度为负向影响关系，且未呈现出拐点效应。一产占比的降低不仅意味着该地区的粮食产量将下降（直接效应），比如 2022 年北京市一产占比为 0.3%，其粮食供给主要依赖外省输入；还意味着该地区水资源消费量的降低（引致效应），因为农业用水量在区域水资源消费量的比重高，由第 4 章粮食方程的拟合值可知，有效灌溉面积对水资源消费量的影响强度为1.149，意味着有效灌溉面积每增加 1%，水资源消费总量将增加 1.149%，若一产占比降低，则有效灌溉面积将减少，水资源消费总量也将同步降低。由 5.1 节协同度评价理论框架可知，在产出不变的前提下系统投入量（F_P、W_C）减少，将提升水－能源－粮食耦合系统协同度。

6.3　决策拐点分析的初步结论与进一步思考

6.3.1　初步结论

决策拐点分析将核心－外围驱动要素的作用对象由序参量提升为水－能源－粮食耦合系统整体，旨在探索核心－外围驱动要素对耦合系统整体协同发展的作用路径，为促进水－能源－粮食协同发展提供依据。由第 4 章的实证研究结果可知，外围关联中的每一个要素均可借助子系统序参量的反馈回路，影响水－能源－粮食耦合系统整体的均衡状态；由于系统要素间的相互影响关系（强度和方向）的差异，部分外围驱动要素未能影响系统协同发展状态，比如常住人口规模，且系统要素对协同度的影响方式也存在差异（相互促进、相互制约、拐点效应）。由此可知，水－能源－粮食耦合系统的关联结构影响着核心－外围驱动要素在互动关联中的作用机制，比如城市绿地面积和火力发电量对城市水资源消费总量的作用分别为正向作用和负向作用，尽管两个驱动要素对耦合系统协同度均存在决策拐点，但是对于未达到决策拐点的地区而言，城市绿地面积对水资源消费总量依旧具有正向促进作用，火力发电量则呈现负向影响关系。

核心－外围驱动要素在互动关联中的影响关系包括相互促进和相互制约关系。整体而言，具有相互促进关系的驱动要素包括：城镇化率、建成区面积、地区生产总值、城市绿地面积、污水处理能力、城市供水总量；具有相互制约关系的驱动要素为：二产占比、火力发电量、一产占比、常住人口规模。部分要素不仅直接作用于序参量，还通过外部生态系统和要素间的相互作用间接影响系统协同发展状态，比如城镇化率通过城镇人口和总人口分别作用于水资源消费总量和能源消费总量，城市绿地面积通过水资源消费总量和生态服务系统共同作用于系统协同发展状态。任何一个驱动要素都可能受到相互促进和相互制约关系的影响，而决策拐点代表着同一个驱动要素在相互促进和相互制约关系中的均衡，代表着在均衡状态下的驱动要素水平；否则，驱动要素仍受相互促进或相互制约关系的主导作用。以城市绿地面积为例，城市绿地面积的扩大将直接增加水资源消费总量，在产出不变的前提下，将降低耦合系统协同发展水平，但是无论是城市绿地面积增加还是水资源消费总量增加，都是通过经济系统带动耦合系统协同度提升，同时作为地区环境子系统的衡量指标，其亦借助地区生态系统服务提升耦合系统协同发展水平，因此，城市绿地面积相互促进和相互制约关系在达到决策拐点（100khm²）的地区实现了均衡，而在低于决策拐点的地区相互促进的作用强度仍高于相互制约的作用强度。

由于决策拐点的存在，驱动要素与系统协同度间的相互影响关系更为复杂；在考察期间内，并不是每一个驱动要素都表现出决策拐点的特征，且决策拐点也具有动态性特征，即决策拐点随着驱动要素的演化而动态调整（华强森等，2017）。如果以决策拐点为分组依据，分别刻画两类样本的变化趋势，结果显示已经达到决策拐点的地区均呈现相对稳定的特征（"虚拟"拐点除外），即在达到决策拐点之后，将无法再通过提升要素水平促进地区水－能源－粮食协同发展。对于未达到决策拐点的地区，要素水平与系统协同度间的相互影响关系包括正向促进、负向制约、弱相关关系，但是此类关系是动态关系而非静态关系，比如在建成区面积中，未达到决策拐点地区的相互影响关系由2005年的正向促进逐步过渡到2016年的相对稳定状态。因此，决策拐点可作为地区选择调控要素提升水－能源－粮食协同发展水平的核心指标。

6.3.2 促进水－能源－粮食协同发展的进一步思考

水－能源－粮食耦合系统作为一个开放式复杂系统，其运行与演化受到单一因素和复合因素的影响，比如政策、经济和自然灾害既可以作为单一事件影响耦合系统，也可以作为组合事件引起耦合系统的非协同演变，导致其偏离安全性、效率性和公平性的协同发展目标，无法为区域可持续发展提供资源保障。因此，如何确保区域水－能源－粮食协同发展并提升其协同发展水平，将取决于地区的资源综合治理能力，不仅需要借助合理且有效的治理工具，还需要基于水、能源和粮食关联的科学认知。基于第3章至第6章的理论分析与实证检验可知，作为复杂系统，水、能源和粮食间存在着不同强度、不同方向的相互影响关系，形成子系统间的反馈回路，任何单一资源系统的治理方式都将可能产生不可预期的严重后果（HOFF，2011）。水－能源－粮食耦合系统作为开放系统，受到自然环境和人类活动圈层中众多驱动要素的相互作用，外部事件的冲击将减弱系统协同发展状态、降低协同发展水平。如何合理把控众多的驱动要素、有效应对外部事件的冲击、提升资源综合治理能力，成为水－能源－粮食协同发展的核心议题。

目前，水－能源－粮食耦合系统的研究依旧聚焦于关联关系的评价、模拟和优化，对水－能源－粮食耦合系统协同发展调控的研究依旧较少。其中，HUANG et al.（2021）基于耦合系统评价，提出耦合系统消费端的调控效果好于生产端；LI et al.（2019a）通过识别水－能源－粮食耦合系统中87个要素的等级结构，为实现耦合系统调控指明了方向；WEITZ et al.

（2017）认为环境综合治理理论可成为水－能源－粮食耦合系统治理的理论基础，并为水－能源－粮食耦合系统治理提供了丰富的案例经验；GARCIA 和 YOU（2016）基于过程系统工程理论，提出了过程管控的水－能源－粮食耦合系统治理思路。在水－能源系统治理中，区域大系统的治理视角为地区资源综合治理提供了新思路，比如产业结构调整、资源产品贸易有助于降低本地生产活动的资源消费总量和强度（张信信等，2018）。但是，无论是资源系统视角还是区域大系统视角，均未聚焦于开放式复杂系统中的慢变量，忽视了通过慢变量调控系统行为的方式；协同论从系统演化的视角，识别在系统性宏观结构形成过程中的慢变量（或序参量），可为调控具有众多影响要素、复杂反馈回路的开放式复杂系统提供方向。

尽管不同地区在调控水－能源－粮食耦合系统时所采取的调控工具、所出台的政策方案、所聚焦的关联点均有所差异，因为不同地区的资源禀赋现状、系统协同度、驱动要素水平等均存在差异；但是以序参量为核心、协同度为标尺、驱动要素决策拐点为界限的调控理念仍具有适用性。具体而言，促进水－能源－粮食协同发展的调控对策可简述为：维持规模总量、优化产业结构、保护生态系统。

1. 维持规模总量

维持规模总量包括水、能源和粮食的生产消费总量，以及地区社会、经济、环境的规模总量。安全性目标强调资源供给端的保质和保量，维持规模总量不仅为确保资源供给总量的安全，还为确保城市在资源的生产、消费和管理过程中实现规模效应。一方面，在资源子系统中通过贸易、投资等活动保障资源的供给总量，从供给端确保满足子系统序参量的要求。借助序参量等众多影响要素，在需求端对序参量进行调控，比如降低水资源消费总量，实现资源需求总量演化与地区资源供给能力相匹配，促进水、能源和粮食协同发展。

另一方面，在区域大系统中，需要维持人口、经济和环境要素的规模总量，尤其是城镇人口总量、地区生产总值、城市绿地面积等，以决策拐点为限，未达到决策拐点的地区仍需要提升要素水平；达到决策拐点的地区则应以提升水－能源－粮食协同发展水平为目标，维持并调整现有要素水平，确保资源总量与区域可持续发展相匹配。城市化地区作为资源消费主体，从需求端驱动着资源系统的演化，通过维持城市化地区的生产、消费和管理规模，有助于在资源消费端实现规模效应，即消费的边际成本递减规律，但需考虑要素的决策拐点水平。

2. 优化产业结构

生产活动作为资源消费的载体，尽管拥有相似的技术条件，但是由于产业活动的差异化特性，不同产业活动的资源消费总量和消费强度仍存在差异（SHERWOOD et al., 2017）。通过优化地区产业结构，有助于实现区域水－能源－粮食耦合系统的效率性目标。基于 6.2 节的分析可知，优化产业结构不仅要基于产业活动的特性，还需要考虑地区的资源禀赋、产业发展阶段等。

二产占比与耦合系统协同度具有正向和负向的相互影响关系（图6-5），这与我国工业化进程相一致。基于6.2节的分析结果可知，对第二产业活动的调控、提高二产效率，不仅要基于目前我国所处的工业化阶段，还需要依据我国第二产业的特征。尽管我国各地区的工业化水平不尽相同，但是宏观而论，我国目前正处于工业化后期（黄群慧，2012），第二产业占比持续下降，2016年全国各地区的二产占比均小于50%。二产占比的下降通过减少资源消耗和废气排放来提升耦合系统协同度，但是为维持经济规模总量以实现规模效益，二产占比不可能持续下降，仍需基于地区发展实践确定二产占比的最优值；比如自2005年首钢搬离北京市以来，北京市第二产业比重在逐年下降，但是旅游业、文化创意产业等第三产业的快速崛起足以维持北京市的经济规模总量，确保实现规模效益。此外，最优二产占比所确定的产业活动，还需在一定地域范围内具有相对优势，并可实现不同地区产业活动间的优势互补，但是目前我国同一地域内不同城市间的产业结构具有极强相似性，比如河北省各地级市的主导产业极其相似（温锋华等，2017）；此时需要通过区域协同发展策略，明确城市发展定位，并通过提高产业活动的技术和管理水平，实现二产效率的整体提升。

3. 保护生态系统

生态系统对实现水-能源-粮食的安全、效率与公平性目标的重要意义已经获得广泛认可（HOFF，2011；RASUL，2014；LEUNG PAH HANG et al.，2016）。要获取完整、高效的生态系统服务，需要加强地区生态系统保护，降低人类活动对生态系统的影响，包括在资源供给端限制资源开采和废弃物处理端规范废弃物排放标准。

（1）在资源供给端。限制资源开采的目的是确保生态系统的资源需求获得满足，同时还有助于降低废弃物排放量、改善人类资源消费习惯。一方面，可借助市场价格机制，通过降低资源价格，减少资源开采的利润，还可通过国家战略（比如碳达峰、碳中和），要求降低特定能源品种的使用占比，实现将资源"埋"在地下的目标。另一方面，借助市场交易机制，在规定资源开采总量的前提下，通过资源产权的界定和交易规则的确立，比如水权制，既限制了资源开采，又提高了资源的利用效率。但是，限制资源开采的前提是人类生存和发展的合理需求获得满足，否则将资源作为商品的调控对策将会损害公平性原则，剥夺了弱势群体资源获取权。

（2）在废弃物处理端。规范废弃物排放标准之前，仍需要提高资源利用效率，减少废弃物排放量，尤其是污水直排和垃圾直接丢弃。首先，需要运用管制类工具，强制规范废弃物的排放标准并加强执法督查；其次，通过投资活动，比如水利环境投资（WEPI）、采矿业投资（MII）等，补齐基础设施、技术应用短板，再借助市场类工具，提升资源供给和利用效率，减少资源损耗；最后，通过教育、宣传，运用社会类工具，提升社会群体的生态意识（Eco-sense），以增强垃圾的分类回收、减少废弃物的直接排放。

6.4 本章小结

通过水－能源－粮食耦合系统协同度与驱动要素的拟合，我们发现：①驱动要素对耦合系统协同度的影响路径依赖于水－能源－粮食耦合系统的关联结构，即驱动要素对序参量的影响方向与影响强度。相互影响关系包括相互促进关系和相互制约关系，但并不是所有影响序参量的驱动要素均可提升或降低耦合系统协同度水平。具有相互促进关系的驱动要素包括：城镇化率、建成区面积、地区生产总值、城市绿地面积、污水处理能力、城市供水总量；具有相互制约关系的驱动要素为：二产占比、火力发电量、一产占比、常住人口规模。②部分驱动要素对耦合系统协同度的影响路径存在决策拐点，包括：城镇化率、地区生产总值、建成区面积、城市绿地面积、火力发电量、城市供水总量，但是不同要素的决策拐点水平不一样。以决策拐点为界，达到决策拐点值的地区，其协同度水平呈现缓慢上升或相对稳定的状态；未达到决策拐点值的地区，驱动要素呈现动态变化的特征，既有相互促进，也有相互制约，比如城镇化率以相互促进为主、火力发电量则以相互制约为主。③基于前述两点结论，提出以序参量为核心、协同度为标尺、驱动要素决策拐点为界限的调控理念，认为通过"维持规模总量、优化产业结构、保护生态系统"的策略将有助于促进区域水－能源－粮食耦合系统的协同发展。

第 **7** 章

结论与展望

7.1　主要研究结论

水、能源和粮食不仅是人类生存和发展的基础，也是推动区域可持续发展的基本保障，提升三种资源的协同发展水平是确保资源安全、提高资源效率和保障资源公平的重要手段。然而，当前理论上对区域水–能源–粮食耦合系统认识深度不足，实践中资源综合治理能力仍有待提升，导致资源危机在耦合系统间转移并形成资源治理困境，已成为制约全球迈向可持续发展的主要障碍之一。

本书聚焦于水、能源和粮食的协同演化，以探索三种资源的协同演化规律为出发点，主要结论和创新之处如下：

（1）构建了水–能源–粮食耦合系统的立体式解释框架。文中系统梳理了水–能源–粮食的研究脉络，其演变进程经历了"单一资源集成治理→两两资源耦合治理→三种核心资源综合治理"，认为关联视角的研究起点是水资源集成治理实践、系统视角的研究起点是城市新陈代谢理论的提出；系统阐释了水–能源–粮食关联关系，包括相互促进、相互制约、互相反馈的关系，回答了"什么是水–能源–粮食关联"和"为什么是水–能源–粮食关联"两大问题。基于此，本书构建了区域尺度的水–能源–粮食耦合系统解释框架，以"人类活动–自然环境"耦合为背景，从核心关联、外围关联和互动关联三个层次的关联集合进行系统性论述；其中，核心关联是指水–能源–粮食在生产、消费和废弃物处理过程中的矛盾与冲突，外围关联是指外围驱动要素对核心关联的影响关系，互动关联是指水–能源–粮食耦合系统与区域社会–经济–环境大系统的相互适应关系。此框架包含了自然科学维度的核心关联和外围关联，又包含社会科学维度的互动关联，其意义不仅从关联集合的视角对众多的关联关系进行了分类和界定，还明确了水–能源–粮食耦合系统的研究背景，有助于加深水–能源–粮食耦合系统的理解，为后续区域尺度水–能源–粮食耦合系统的研究奠定基础。

（2）运用联立方程组定量分析了水–能源–粮食耦合系统结构。水–能源–粮食耦合系统结构的复杂性是水–能源–粮食关联关系量化的核心障碍，书中聚焦于核心关联和外围关联，构建了子系统结构方程和耦合系统联立方程组，通过历史数据拟合、定量分析了水–能源–粮食耦合系统结构，不仅是对现有因果回路图、层级结构图在系统结构刻画方面的有效补充及进一步深化，更是水–能源–粮食耦合系统量化的前提。通过联立方程模型的估算发现：①水、能源和粮食三者在多中心网络结构中的地位不平等，尽管理论上可假定三者具有平等的地位，但是实践中由于三者的风险来源不同、耦合系统要素间关联强度不一致，水、能源和粮食的地位差异成了必然结果；在后续的实践分析中，HUANG et al.（2023c）

考虑到水、能源和粮食的不平等地位,用政策文本的数量分别刻画三者的不平等关系。②播种面积是粮食子系统序参量的核心影响要素,有效灌溉面积、城市绿地面积是水资源子系统序参量的核心影响要素,能源子系统序参量的核心影响要素是二产占比和总人口,核心影响要素的调控在一定程度上缓解单一资源系统危机,比如围绕有效灌溉面积和城市绿地面积的节水技术应用,可降低单位面积水耗强度,缓解水资源短缺与用水效率低下的水资源安全风险。③水、能源和粮食间的相互影响并不只是三个子系统间的综合影响,而是子系统内部不同要素间的相互影响,比如水资源子系统的地下水抽取量和水资源总量均可以影响能源消费总量,能源子系统的火力发电量和废气排放量均对水资源消费总量产生影响,关联子系统影响要素的调控亦可通过关联作用机制在一定程度上缓解单一资源系统危机。④生态系统服务在确保水-能源-粮食耦合系统安全上具有关键作用,包括水资源总量(TWR)、土壤质量(CFSA、WWTC),在城市和地区发展进程中,需要注重保护生态系统,实现人与自然和谐相处,有助于保障区域水-能源-粮食耦合系统的安全。

(3)优化了"黑箱"视角的协同度测度。现有"黑箱"视角的评价是基于水-能源-粮食耦合系统的核心-外围关联,无法真实有效反映各个决策单元的"真实"协同度水平,弱化了各决策单元的资源综合治理能力。书中运用三阶段DEA方法,在第二阶段中剔除外围关联驱动要素(二产占比、城镇化率、污水处理能力)和随机误差项对核心关联的影响,测算了核心关联的"真实"协同度水平,是对现有"黑箱"视角协同度评价的改进。通过与初始协同度的对比,我们发现:①决策单元在评价周期内的协同发展水平获得稳步提升,综合协同度和"真实"协同度均逐年上升。②外部环境影响要素和随机误差影响着决策单元的协同度评价,其中,"真实"协同度结果中,实现DEA有效的决策单元数量减少,接近DEA有效的决策单元数量增加,绝大部分决策单元的排名均有所上升,部分决策单元的排名有所下降。上升最快的为经济发达地区,比如山东、江苏、浙江,下降最快的为海南、青海、宁夏,表明在同一背景下,经济发达地区拥有更高的管理水平、更先进的技术水平、更大规模的资源集聚,有助于提升资源利用效率。

(4)拟合了驱动要素的决策拐点。在理论上和实践中,水-能源-粮食耦合系统调控的研究仍处于缓慢发展阶段。结合第4章的要素识别和第5章的协同度测度结论,书中主张从区域社会-经济-环境大系统和资源系统两个视角分别对水-能源-粮食耦合系统展开调控,运用"散点图+趋势线"演变图谱的形式,拟合并分析了核心-外围驱动要素对"真实"协同度水平的影响路径和决策拐点,有助于把握驱动要素的影响规律、促进水-能源-粮食协同发展。我们发现:①驱动要素对"真实"协同度的影响路径依赖于水-能源-粮食耦合系统的关联结构(相互影响方向和强度),影响方式包括相互促进、相互制约和弱相关关系,但并不是每一个影响子系统序参量的驱动要素均可对耦合系统协同度产生影响;②在评价期间,只有部分外围驱动要素呈现出了决策拐点的特征,包括城镇化率、地区生产总值、建成区面积、城市绿地面积、火力发电量、城市供水总量。

7.2　研究展望

7.2.1　本研究待深入完善之处

本研究通过大量阅读水－能源－粮食、城市新陈代谢等方面的文献资料，主持参加国际学术会议，主持参与自然科学基金项目、国家重点研发计划、中美合作项目等方式，追踪水－能源－粮食耦合系统的科学问题与前沿热点，并试图运用跨学科的方法和模型对区域尺度的水－能源－粮食耦合系统展开多角度、多维度的研究。由于本项议题的跨学科属性，以及个人从事此项议题研究时间精力和阅历经验方面的限制，论文仍有一些待深化和完善之处：

（1）本研究采用了省级行政区的面板数据，导致部分研究未能更深入。虽然省级行政区属于区域尺度，但是在政策落实上，地级市更接"地气"，更能代表水－能源－粮食耦合系统的地方性特征。当前，地级市的统计数据只提供城市自来水供应量，未包括农业用水量，无法展现水－粮食间的关联关系。为此，客观上，无法展开城市尺度的实证研究。

（2）由于协同度测度方法的局限，本研究从"黑箱"视角采取了协同度间接测度法，将水－能源－粮食耦合系统的投入－产出效率作为协同度的衡量指标。理论上协同度的直接测度结果要优于间接测度结果，但是目前协同度直接测度方法仍有待突破。作者在本研究的初始阶段曾试图运用信息熵[①]来测度水－能源－粮食耦合系统协同度；但是，由于水－能源－粮食耦合系统运动方程未知且研究数据长度不足，信息熵的测算结果具有无法克服的偏差。

7.2.2　未来研究展望

作为一个新兴的跨学科研究领域，本书只是水－能源－粮食研究领域的一个阶段性成果，是区域尺度水－能源－粮食研究的探索与尝试。未来，随着新方法、新技术和新理论的涌现，越来越多的新思想和新视角被吸纳于水－能源－粮食耦合系统的研究。就目前的研究现状和研究进展而言，后续研究的推进仍需在认知、测度和治理三个方面进行深化。

（1）认知。运用不同学科的方法、模型和技术手段，提升水－能源－粮食耦合系统的认知已成为国家自然科学基金项目、中美合作项目的核心目标之一；而运用跨学科的研究方法探索水－能源－粮食耦合系统的运行规律，有助于避免"盲人摸象"所获得的片面性结论。同时，水－能源－粮食耦合系统运行规律的认知还需与区域大系统的发展规律相结合，以确保所

[①] 信息熵被运用于测算系统协同度已在哈肯的《协同学导论》著作中有所论述。

认知的运行规律符合地方性特征。为此，作者认为个案研究和群体研究相结合的方式，从中观层面聚焦某一类型的城市，有助于发现运行规律中的个体性和群体性特征，对不同城市水–能源–粮食耦合系统运行规律的阐释具有重要意义。在中国，水–能源–粮食研究议题仍未获得足够重视，迫切需要大量的案例研究来展现不同地区、不同城市水–能源–粮食耦合系统所面临的问题及其运行规律。现有研究正逐步聚焦于黄河流域、长江经济带、城市群等典型地域，是不同特征案例研究的代表，但是现有研究仍未能展开跨地区的分析，难以呈现区域内部的复杂关联关系，比如黄河流域的研究多聚焦于省级行政区或市级行政区，并未考虑黄河在这些行政区之间的关联。此外，案例研究需通过实地调查、访谈、座谈会等形式获取经验性数据，以有效应对数据不足的问题。

（2）测度。尽管关联关系量化存在方法论层面的障碍，但是量化研究依旧是水–能源–粮食耦合系统的研究焦点，不仅有助于提升水–能源–粮食耦合系统认知，还可为水–能源–粮食耦合系统的精准调控和治理奠定基础。区域尺度水–能源–粮食耦合系统的测度包括两个方面，即供需一体化模型和资源经济性度量。本书只给出了基于"供给–需求"的水–能源–粮食集成框架，实践中仍需基于尺度特性和供需均衡原理，构建资源供需一体化模型，通过安全性、效率性和公平性指标的设置，反映区域水–能源–粮食耦合系统的协同发展现状。水、能源和粮食作为人类生存的必需品，如果将其作为完全的经济性物品，利用市场机制进行调节，以提升资源利用效率，那么将会损害弱势群体的资源获取权，甚至还会威胁国家安全，故亟须开展资源经济性度量的研究，以确定政府直接干预的资源规模和需借助市场机制进行调节的资源规模。

（3）治理。由于我国幅员辽阔、资源分布不均衡，比如水资源南多北少、能源西多东少、粮食生产的地区分布也有很大差异，各地区所面临的主要矛盾和主要问题也不尽相同，因此，基于本书耦合机制和机理的阐释，借助当地资源系统测度与分析的结论，因地制宜地开展水–能源–粮食耦合系统的调控与治理仍需进一步深入研究。目前，水–能源–粮食耦合系统调控与治理的研究仍处于缓慢发展阶段，治理工具集的梳理、治理工具效果的评价等工作仍有待开展；由本书的研究结论可知，单一资源治理政策亦可在一定程度上提升水–能源–粮食的协同发展水平，那么究竟处于哪个发展阶段、属于哪种类型的城市需要从水–能源–粮食耦合系统视角开展资源治理活动仍有待识别。在资源消费端的消费反弹效应上，如何通过尺度集成（比如区域尺度和家庭尺度的集成），打通"自上而下"的实施和"自下而上"的参与路径，是未来关联资源治理的核心，目前仍缺乏相关研究。

附　录Ⅰ　各决策单元投入指标的冗余值

1. 水资源消费量的冗余值

省份/直辖市/自治区	2005 年	2006 年	2007 年	2008 年	2009 年	2010 年	2011 年	2012 年	2013 年	2014 年	2015 年	2016 年
北京	2.753	2.031	1.034	0.4	0.352	0.12	9.148	9.368	8.547	9.834	7.529	0
天津	0	0	0.433	0	0.733	0	13.364	0	0	0	3.059	0
河北	261.255	258.067	230.631	209.75	190.173	177.303	418.5	398.907	390.789	416.494	369.35	283.117
山西	300.584	286.284	259.7	219.4	202.7	191.8	349.8	329.96	312.29	346.79	318.33	172.37
内蒙古	242.513	223.156	208.386	199.47	183.947	199.32	337.963	345.202	340.749	344.261	309.693	172.048
辽宁	206.388	205.916	202.835	177.335	156.915	150.339	257.121	251.444	238.206	275.409	253.4	146.407
吉林	65.508	68.2	62.888	57.17	58.066	50.444	126.057	106.468	111.407	126.218	119.025	59.758
黑龙江	105.057	105.14	102.819	95.629	89.125	84.197	188.121	190.897	187.456	190.526	165.369	123.187
上海	43.617	42.95	41.815	36.832	29.29	28.279	57.678	52.906	49.383	47.891	41.114	15.753
江苏	205.377	190.513	173.968	157.874	146.869	142.909	300.171	279.431	265.312	276.877	241.955	182.683
浙江	108.383	108.142	98.145	89.707	86.695	81.442	168.058	153.5	152.368	150.455	133.656	69.613
安徽	117.737	116.514	102.131	102.7	97.409	91.321	179.526	174.318	162.654	179.053	159.666	98.162
福建	65.168	65.704	68.265	65.027	61.731	60.497	101.357	98.723	94.718	101.941	93.837	56.291
江西	114.599	113.043	109	99.872	91.857	88.411	152.331	142.863	140.561	145.353	141.448	93.612
山东	265.459	253.598	228.346	210.917	195.595	185.929	406.745	384.808	369.143	408.894	372.689	294.484
河南	294.576	267.57	237.305	205.674	192.793	184.275	342.027	323.149	321.377	323.145	299.95	141.548
湖北	119.098	120.239	105.957	96.241	90.191	84.143	150.76	144.743	143.732	154.312	140.762	84.326
湖南	208.651	200.234	183.127	159.072	152.977	133.048	154.22	141.872	144.084	154.497	143.352	92.789
广东	180.186	173.827	162.848	157.835	140.116	138.167	246.519	232.976	221.083	218.569	190.318	135.251
广西	208.6	186.9	167.214	153.617	154.708	142.282	123.563	123.006	118.91	123.126	106.614	67.679
海南	0	0.123	0.259	0	0	0	0.631	1.54	0	5.651	3.589	0
重庆	95.935	96.424	90.001	84.686	77.529	74.337	90.644	85.994	87.34	87.612	79.684	38.163
四川	217.997	192.292	157.063	137.278	131.379	139.136	170.659	158.396	150.605	157.911	144.842	104.508
贵州	161.592	158.176	150.943	138.43	140.363	117.158	163.524	157.089	152.898	150.004	127.548	95.986
云南	68.964	70.025	67.748	64.033	60.078	55.721	135.813	135.25	133.735	127.091	112.21	100.136
陕西	134.833	132.359	122.567	106.959	84.769	82.592	192.455	182.63	183.406	192.826	169.434	71.568
甘肃	70.676	66.005	54.084	51.763	53.223	57.903	109.384	101.185	99.84	111.384	102.539	50.059
青海	0	0	0.681	2.231	0	4.513	12.138	11.24	14.006	19.33	17.435	2.669
宁夏	39.344	39.755	33.372	28.554	22.216	33.208	89.912	87.082	87.889	83.976	76.804	44.046
新疆	90.959	95.657	100.658	101.806	103.341	104.99	197.457	222.999	238.441	243.694	201.832	144.443

注：本表未统计我国西藏、香港、澳门、台湾地区数据。

2. 能源消费总量的冗余值

省份/直辖市/自治区	2005年	2006年	2007年	2008年	2009年	2010年	2011年	2012年	2013年	2014年	2015年	2016年
北京	1.914	2.721	1.636	0.755	0.694	0.234	5.873	4.989	3.009	0.548	0.815	0
天津	0	0	0.308	0	0.54	0	0.142	0	0	0	0.152	0
河北	174.345	177.114	176.208	169.031	167.456	167.105	171.403	170.595	166.074	167.096	161.849	157.217
山西	33.257	36.932	36.41	34.59	33.94	41.45	51.85	51.06	51.44	49.04	51.27	53.17
内蒙古	142.211	146.296	147.334	142.132	146.922	146.726	148.107	147.171	142.986	141.673	145.662	149.971
辽宁	106.074	114.308	116.511	116.135	116.33	116.817	116.966	114.247	111.689	110.747	109.753	107.636
吉林	66.543	70.962	69.172	72.011	78.04	85.166	94.364	92.052	90.892	91.16	90.627	88.467
黑龙江	231.32	245.728	250.764	255.89	274.68	282.396	307.689	314.147	317.49	319.276	310.44	307.712
上海	84.553	81.722	82.893	82.464	88.02	88.7	86.979	78.428	85.416	68.148	65.886	65.862
江苏	477.404	503.51	514.548	513.447	504.237	507.886	512.666	509.247	534.286	549.432	533.165	536.811
浙江	174.171	172.622	174.134	178.77	161.139	165.052	159.435	158.108	157.33	151.395	144.857	139.506
安徽	169.856	202.851	194.186	226.833	251.311	252.143	253.113	251.269	253.897	230.63	246.199	247.174
福建	146.446	146.91	153.282	154.643	157.959	158.866	165.001	156.185	160.972	162.213	158.283	146.649
江西	165.019	163.61	191.399	190.468	197.502	195.412	218.382	197.986	220.167	214.579	201.018	200.513
山东	184.619	199.608	193.565	193.485	193.129	195.296	198.058	195.747	189.621	186.167	184.535	185.085
河南	168.646	197.665	180.959	198.966	204.715	195.882	200.298	208.901	208.901	179.475	191.707	195.156
湖北	217.727	223.219	222.881	233.664	243.577	249.304	258.343	260.149	249.904	245.64	256.829	237.95
湖南	289.562	289.425	286.378	285.504	284.612	287.082	288.017	289.47	290.315	289.378	286.634	285.584
广东	417.147	417.416	420.926	419.308	420.639	426.238	421.168	407.774	399.768	399.125	400.044	392.491
广西	268.81	270.37	266.328	265.951	259.729	257.254	257.356	258.482	263.552	262.925	254.562	245.781
海南	0	2.159	2.576	0	0	0	1.952	2.18	0	0.272	1.211	0
重庆	41.69	44.021	48.473	53.169	55.624	56.639	56.648	53.021	50.494	47.494	45.755	43.515
四川	181.746	184.954	183.352	176.599	191.381	198.507	202.995	214.108	209.324	203.776	230.254	230.507
贵州	66.857	69.913	68.553	72.425	71.352	72.799	68.245	73.363	64.676	67.316	68.615	70.502
云南	112.005	110.551	115.503	118.288	117.567	112.411	115.218	120.059	116.699	116.286	116.268	116.002
陕西	49.386	54.868	53.077	57.168	56.622	55.803	59.113	59.279	59.115	59.539	61.175	60.582
甘肃	86.437	86.961	87.752	87.346	86.063	87.406	88.708	89.003	87.68	86.214	85.066	83.443
青海	0	0	0.744	2.672	0	0.843	2.279	0.816	1.265	0.64	0.926	0.229
宁夏	40.395	40.916	35.637	37.495	35.899	35.324	36.293	32.468	34.295	32.634	33.327	28.604
新疆	464.825	469.532	473.969	484.114	486.601	490.636	478.912	545.447	543.241	536.968	532.323	520.59

注：本表未统计我国西藏、香港、澳门、台湾地区数据。

3. 粮食生产总量的冗余值

省份/直辖市/自治区	2005 年	2006 年	2007 年	2008 年	2009 年	2010 年	2011 年	2012 年	2013 年	2014 年	2015 年	2016 年
北京	3.064	4.684	2.954	12.398	15.83	16.495	12.032	11.309	5.562	2.092	1.501	0
天津	0	0	0.652	0	1.358	0	0.466	0	0	0	1.122	0
河北	171.39	189.217	205.228	210.808	219.728	237.535	258.002	264.194	257.536	254.084	254.143	256.524
山西	76.099	87.816	102.37	103.11	102.12	114.44	129.51	139.72	143.97	144.99	140.2	140.37
内蒙古	78.657	91.868	104.559	114.01	124.379	135.675	150.248	157.956	137.984	142.514	148.382	153.336
辽宁	108.343	121.293	134.917	144.791	155.704	170.318	183.804	188.973	170.688	170.32	168.894	167.185
吉林	35.946	40.743	45.005	49.961	54.078	58.866	65.453	66.958	59.763	58.681	55.231	53.507
黑龙江	68.584	74.961	80.702	85.974	90.911	97.613	105.236	110.597	100.842	101.31	102.941	104.136
上海	28.522	34.105	38.601	43.905	46.467	51.667	52.881	53.569	51.55	49.107	51.105	48.601
江苏	157.692	175.467	193.05	203.841	217.112	232.117	243.871	252.394	251.24	253.458	252.997	255.221
浙江	99.835	109.569	119.875	124.673	126.843	137.096	143.157	144.254	147.866	147.777	152.641	155.474
安徽	53.121	59.286	64.762	70.896	76.6	83.5	90.806	97.523	100.317	101.808	105.166	107.942
福建	48.136	53.57	59.032	64.363	69.63	76.002	81.922	85.111	82.713	88.39	85.889	83.146
江西	33.995	37.068	41.178	43.776	47.589	51.741	55.726	57.825	60.214	63.962	67.057	68.817
山东	211.38	236.529	257.237	268.991	284.614	305.562	328.258	343.314	307.622	316.853	329.05	334.908
河南	124.707	141.356	154.24	165.938	173.006	186.961	201.671	207.028	190.248	196.301	199.287	198.218
湖北	86.634	95.303	104.605	110.872	118.651	131.045	144.357	153.635	134.484	139.032	139.752	140.843
湖南	85.597	93.443	102.704	108.998	117.711	131.371	142.575	147.411	130.266	133.341	134.199	136.603
广东	161.893	180.628	200.223	211.1	222.583	242.904	256.539	262.318	253.986	263.2	265.854	272.439
广西	40.47	45.68	51.355	55.511	60.574	67.53	72.658	77.369	75.829	79.142	80.812	83.11
海南	0	0.251	0.583	0	0	0	0.703	0.812	0	0.11	0.513	0
重庆	28.959	32.282	37.229	41.574	45.842	51.505	57.365	59.312	48.442	50.717	51.743	51.679
四川	101.154	111.645	121.795	128.815	139.789	154.24	171.25	179.135	165.857	171.017	172.478	175.592
贵州	38.793	43.159	47.553	50.354	53.78	58.663	64.51	71.879	65.372	68.573	70.008	71.887
云南	45.956	50.56	54.914	58.016	61.865	66.119	74.881	82.506	78.511	81.371	80.226	82.298
陕西	34.933	39.996	44.095	49.616	54.004	59.43	65.748	71.547	70.307	74.395	78.589	80.865
甘肃	30.703	33.717	36.598	38.222	39.111	42.498	46.891	50.674	52.375	53.779	53.687	51.687
青海	0	0	0.501	1.772	0	0.703	2.333	1.05	1.69	0.97	1.428	0.357
宁夏	13.118	14.916	15.444	16.321	16.839	17.967	21.28	21.358	22.732	22.957	25.587	24.646
新疆	45.507	50.189	54.265	58.907	63.938	69.77	84.348	102.074	118.77	130.53	137.985	144.082

注：本表未统计我国西藏、香港、澳门、台湾地区数据。

4. 废气排放量的冗余值

省份/直辖市/自治区	2005 年	2006 年	2007 年	2008 年	2009 年	2010 年	2011 年	2012 年	2013 年	2014 年	2015 年	2016 年
北京	0.054	0.088	0.049	0.028	0.025	0.008	0.201	0.16	0.128	0.009	0.013	0
天津	0	0	0.02	0	0.054	0	0.01	0	0	0	0.011	0
河北	26.2	27.21	28.469	29.183	29.105	29.702	31.757	32.528	33.823	33.78	33.825	34.864
山西	8.518	9.444	8.72	8.98	8.1	9.54	10.63	11.45	11.83	11.99	11.26	11.85
内蒙古	16.427	16.729	17.402	21.059	19.611	21.522	23.946	25.528	27.993	27.953	28.945	28.739
辽宁	16.516	16.311	17.264	17.736	15.124	17.369	20.339	20.746	22.012	17.134	19.446	20.613
吉林	25.019	26.391	23.368	27.397	23.586	27.527	30.862	32.714	34.733	34.547	35.539	36.293
黑龙江	29.953	32.474	33.18	40.802	42.058	48.562	54.144	56.02	58.394	60.741	61.57	58.942
上海	0.388	0.45	0.451	0.512	0.56	0.558	0.582	0.585	0.527	0.505	0.507	0.43
江苏	28.703	30.711	30.852	31.406	32.032	32.132	32.956	33.737	34.405	35.164	35.948	35.05
浙江	7.177	7.722	6.289	6.742	6.856	6.667	6.833	6.713	6.377	6.571	6.609	6.662
安徽	27.302	29.739	29.536	30.951	31.48	31.373	31.684	33.314	33.12	34.525	35.707	34.397
福建	5.823	5.712	5.12	5.287	5.412	5.339	5.383	5.228	5.289	5.425	5.462	5.485
江西	16.738	17.752	18.227	18.796	19.331	18.918	19.918	20.257	20.561	20.839	20.902	20.742
山东	41.482	42.712	43.347	44.565	45.031	45.269	46.402	47.383	47.624	48.2	49.26	49.192
河南	49.042	53.625	55.997	57.357	57.816	58.358	59.42	60.788	61.694	62.316	65.432	64.315
湖北	23.3	23.463	22.889	23.521	24.552	24.538	25.243	25.944	26.59	27.528	28.655	27.157
湖南	26.723	27.073	26.497	27.804	29.205	28.857	29.744	30.354	29.597	30.483	30.612	30.108
广东	13.298	13.25	12.275	11.915	12.631	12.683	13.088	13.438	12.637	13.085	13.213	13.392
广西	13.88	13.65	12.671	12.672	13.356	12.882	13.065	13.634	14.011	14.162	14.074	14.061
海南	0	0.281	0.116	0	0	0	0.096	0.138	0	0.124	0.052	0
重庆	10.838	8.233	9.89	10.465	10.39	10.68	10.466	10.65	10.706	10.793	10.984	11.171
四川	33.178	29.851	30.936	32.464	33.093	33.44	34.228	34.498	35.344	35.362	36.013	36.225
贵州	11.115	10.859	10.438	10.988	11.19	10.443	8.255	10.361	9.867	11.01	11.49	11.681
云南	14.137	14.42	13.398	14.019	14.774	14.137	15.892	16.611	17.308	17.74	17.896	18.199
陕西	9.606	10.033	9.78	10.261	10.503	10.846	11.239	11.784	11.541	11.42	11.71	11.766
甘肃	7.458	7.19	7.284	8.015	8.247	8.809	9.267	10.214	10.478	10.698	10.828	10.601
青海	0	0	0.032	0.107	0	0.037	0.1	0.041	0.061	0.037	0.046	0.043
宁夏	1.675	1.766	1.849	1.858	1.969	2.056	2.121	2.35	2.315	2.393	2.396	2.453
新疆	7.571	7.76	7.377	8.225	10.469	10.638	11.137	11.517	12.547	12.89	13.985	14

注：本表未统计我国西藏、香港、澳门、台湾地区数据。

附 录Ⅱ R 语言编程代码

1. 三阶段 DEA 中第二阶段运用 SFA 模型调整投入指标过程的 R 语言编程代码

```
##首先，读取 excel 表格中的相关数据
myfile1=file.choose()
ori_data=read.table(file=myfile1,
                    header=TRUE, sep=',')
myfile2=file.choose()
ori_data2=read.table(file=myfile2,
                    header=TRUE, sep=',')
myfile3=file.choose()
Slack.factors_data=read.table(file=myfile3,
                            header=TRUE, sep=',')

##其次，计算公式(5-8)中的参数值；First 代表[中括号]以外的计算结果；Second 代表[中括号]的计算结果
lenda<- sqrt(ori_data$Gamma/(1-ori_data$Gamma))
sigma <- sqrt(ori_data$Sigma.squared)
sigma1 <- as.matrix(sigma)  ##把计算结果转换为矩阵的形式

First <- sigma*lenda/(1+lenda^2)
beta <- ori_data[,3:5]
factors <- Slack.factors_data[,6:8]

##把计算结果转换为矩阵的形式，并将部分矩阵按公式进行转置，以开展矩阵测算
first1 <- as.matrix(First)
beta1 <- t(as.matrix(beta))
factors1=as.matrix(factors)
const <- as.matrix(ori_data$Constant.term)
slacks <- Slack.factors_data[,2:5]
slacks1 <- as.matrix(slacks)
const360 <- t(matrix(const,ncol = 360,nrow=4))
lenda1=as.matrix(lenda)

resi=slacks1-(factors1%*%beta1+const360)

p1 <- as.matrix(resi[,1])*lenda1[1,1]/sigma1[1,1]
p2<- as.matrix(resi[,2])*lenda1[2,1]/sigma1[1,2]
p3<- as.matrix(resi[,3])*lenda1[3,1]/sigma1[1,3]
p4<- as.matrix(resi[,4])*lenda1[4,1]/sigma1[1,4]

Second1 <- (dnorm(p1))/(pnorm(p1))+p1
Second2 <- (dnorm(p2))/(pnorm(p2))+p2
Second3 <- (dnorm(p3))/(pnorm(p3))+p3
Second4 <- (dnorm(p4))/(pnorm(p4))+p4

##接着，基于公式(5-9)和公式(5-10)计算投入变量的调整值
resi_Wu <- first1[1,1]*Second1
resi_eu <- first1[2,1]*Second2
resi_Fu <- first1[3,1]*Second3
resi_Gu <- first1[4,1]*Second4

resi_Wu_v <- resi[,1] - resi_Wu
resi_eu_v <- resi[,2] - resi_eu
resi_Fu_v <- resi[,3] - resi_Fu
```

```
resi_Gu_v <- resi[,4] - resi_Gu

adj_W <- ori_data2$W_C+(max(factors1%*%beta1[,1]+const[1,])-(factors1%*%beta1[,1]+const
[1,]))+(max(resi_Wu_v)-resi_Wu_v)
adj_e <- ori_data2$E_C+(max(factors1%*%beta1[,2]+const[2,])-(factors1%*%beta1[,2]+const
[2,]))+(max(resi_eu_v)-resi_eu_v)
adj_F <- ori_data2$F_P+(max(factors1%*%beta1[,3]+const[3,])-(factors1%*%beta1[,3]+const
[3,]))+(max(resi_Fu_v)-resi_Fu_v)
adj_G <- ori_data2$WG+(max(factors1%*%beta1[,4]+const[4,])-(factors1%*%beta1[,4]+const
[4,]))+(max(resi_Gu_v)-resi_Gu_v)

adj_WEFG <- data.frame(cbind(adj_W,adj_e,adj_F,adj_G))
names(adj_WEFG) <- ori_data$Slacks
names(adj_WEFG)

## 最后，输出调整结果
write.table(adj_WEFG,file <- "C:\\Users\\Huang daohan\\Desktop\\Adj_WEFG.csv",sep=',')
dim(adj_WEFG)
```

2. "散点图 + 趋势线"演变图谱 R 语言编程代码

```
##输入导入数据
myfile1 <- "C:\\Users\\Huang daohan\\Desktop\\互动关联\\Factors and Efficient.csv"
mydata1 <- read.csv(file = myfile1,header = TRUE,sep = ',')
names(mydata1)[1] <- 'No'
names(mydata1)
colnames(mydata1)
rownames(mydata1)

##提取驱动要素值和分组依据
x <- as.vector(mydata1$SIR)
a <- as.vector(mydata1$UR)
b <- as.vector(mydata1$WWTC.10000ton.d.)
c <- as.vector(mydata1$UGL.Thousand.AC.)
d <- as.vector(mydata1$GDP.100.million.)
e <- as.vector(mydata1$Residents.10.thousand.)
f <- as.vector(mydata1$BA.thousand.ac.)
g <- as.vector(mydata1$UWS.100.million.)
h <- as.vector(mydata1$TPG.100.million.KwH.)
i <- as.vector(mydata1$FIR)
y <- as.vector(mydata1$R.DEA)
group <- factor(rep(2005:2016,each=30))
group1 <- factor(rep(1:30,each=12))

##运用 ggplot2 包执行画图命令
library(ggplot2)
library(lattice)
xyplot(y~x|group,type='o',
     xlab = "二产占比（%）",
     ylab = "水-能源-粮食协同度",
     panel = function(x,y){
  panel.xyplot(x,y)
  panel.abline(h=0.2,v=50,lwd=1,lty=2,cex=2,col = 'red')
  panel.lmline(x,y)

})

xyplot(y~a|group,
```

```
        xlab = "城镇化率（%）",
        ylab = "水-能源-粮食协同度",
        panel = function(x,y){
          panel.xyplot(x,y)
          panel.abline(h=0.2,v=80,lwd=1,lty=2,cex=2,col = 'red')
          panel.lmline(x,y)
          })

xyplot(y~b|group,
        xlab = "污水日处理能力（万 t）",
        ylab = "水-能源-粮食协同度",
        panel = function(x,y){
          panel.xyplot(x,y)
          panel.abline(h=0.2,v=1500,lwd=1,lty=2,cex=2,col = 'red')
          panel.lmline(x,y)
        })

xyplot(y~c|group,
        xlab = "城市绿地面积（khm²）",
        ylab = "水-能源-粮食协同度",
        panel = function(x,y){
          panel.xyplot(x,y)
          panel.abline(h=0.2,v=100,lwd=1,lty=2,cex=2,col = 'red')
          panel.lmline(x,y)
        })

xyplot(y~d|group,
        xlab = "地区生产总值（亿元）",
        ylab = "水-能源-粮食协同度",
        panel = function(x,y){
          panel.xyplot(x,y)
          panel.abline(h=0.2,v=40000,lwd=1,lty=2,cex=2,col = 'red')
          panel.lmline(x,y)
        })

xyplot(y~e|group,
        xlab = "常住人口规模（万人）",
        ylab = "水-能源-粮食协同度",
        panel = function(x,y){
          panel.xyplot(x,y)
          panel.abline(h=0.2,lwd=1,lty=2,cex=2,col = 'red')
          panel.lmline(x,y)
        })

xyplot(y~f|group,
        xlab = "建成区面积（khm²）",
        ylab = "水-能源-粮食协同度",
        panel = function(x,y){
          panel.xyplot(x,y)
          panel.abline(h=0.2,v=2300,lwd=1,lty=2,cex=2,col = 'red')
          panel.lmline(x,y)
        })

xyplot(y~g|group,
        xlab = "城市供水总量（亿 m³）",
        ylab = "水-能源-粮食协同度",
        panel = function(x,y){
          panel.xyplot(x,y)
          panel.abline(h=0.2,v=25,lwd=1,lty=2,cex=2,col = 'red')
          panel.lmline(x,y)
```

```
      })
xyplot(y~h|group,
      xlab = "火力发电量（亿 kWh）",
      ylab = "水-能源-粮食协同度",
      panel = function(x,y){
        panel.xyplot(x,y)
        panel.abline(h=0.2,v=2600,lwd=1,lty=2,cex=2,col = 'red')
        panel.lmline(x,y)
      })

xyplot(y~i|group,
      xlab = "一产占比（%）",
      ylab = "水-能源-粮食协同度",
      panel = function(x,y){
        panel.xyplot(x,y)
        panel.abline(h=0.2,lwd=1,lty=2,cex=2,col = 'red')
        panel.lmline(x,y)
      })

##用 Car 包执行决策拐点命令
library(car)
library(carData)

##城镇化率
scatterplot(mydata1$R.DEA[331:360]~mydata1$UR[331:360]|mydata1$Large.UR.[331:360],legend =
FALSE,smooth=FALSE,
          xlab = '城镇化率(%)',
          ylab='水-能源-粮食协同度',
          main='2016')
scatterplot(mydata1$R.DEA[181:210]~mydata1$UR[181:210]|mydata1$Large.UR.[181:210],legend =
FALSE,smooth=FALSE,
          xlab = '城镇化率(%)',
          ylab='水-能源-粮食协同度',
          main='2011')

##建成区面积
scatterplot(mydata1$R.DEA[331:360]~mydata1$BA.thousand.ac.[331:360]|mydata1$Large.BA.[331
:360],legend = FALSE,smooth=FALSE,
          xlab = '建成区面积(khm²)',
          ylab='水-能源-粮食协同度',
          main='2016')
scatterplot(mydata1$R.DEA[1:30]~mydata1$BA.thousand.ac.[1:30]|mydata1$Large.BA.[1:30],leg
end = FALSE,smooth=FALSE,
          xlab = '建成区面积(khm²)',
          ylab='水-能源-粮食协同度',
          main='2005')

##地区生产总值
scatterplot(mydata1$R.DEA[331:360]~mydata1$GDP.100.million.[331:360]|mydata1$Large.GDP.[3
31:360],legend = FALSE,smooth=FALSE,
          xlab = '地区生产总值(亿元)',
          ylab='水-能源-粮食协同度',
          main='2016')
scatterplot(mydata1$R.DEA[181:210]~mydata1$GDP.100.million.[181:210]|mydata1$Large.GDP.[1
81:210],legend = FALSE,smooth=FALSE,
          xlab = '地区生产总值(亿元)',
          ylab='水-能源-粮食协同度',
          main='2011')
```

##城市绿地面积

```
scatterplot(mydata1$R.DEA[331:360]~mydata1$UGL.Thousand.AC.[331:360]|mydata1$Large[331:36
0],legend = FALSE,smooth=FALSE,
            xlab = '城市绿地面积(khm²)',
            ylab='水-能源-粮食协同度',
            main='2016')
scatterplot(mydata1$R.DEA[1:30]~mydata1$UGL.Thousand.AC.[1:30]|mydata1$Large[1:30],legend
= FALSE,smooth=FALSE,
            xlab = '城市绿地面积(khm²)',
            ylab='水-能源-粮食协同度',
            main='2005')
```

##城市供水总量

```
scatterplot(mydata1$R.DEA[331:360]~mydata1$UWS.100.million.[331:360]|mydata1$Large.UWS.[3
31:360],legend = FALSE,smooth=FALSE,
            xlab = '城市供水总量(亿 m³)',
            ylab='水-能源-粮食协同度',
            main='2016')
scatterplot(mydata1$R.DEA[1:30]~mydata1$UWS.100.million.[1:30]|mydata1$Large.UWS.[1:30],l
egend = FALSE,smooth=FALSE,
            xlab = '城市供水总量(亿 m³)',
            ylab='水-能源-粮食协同度',
            main='2005')
```

##火力发电量

```
scatterplot(mydata1$R.DEA[331:360]~mydata1$TPG.100.million.KwH.[331:360]|mydata1$Large.TP
G.[331:360],legend = FALSE,smooth=FALSE,
            xlab = '火力发电量(亿 kWh)',
            ylab='水-能源-粮食协同度',
            main='2016')
scatterplot(mydata1$R.DEA[181:210]~mydata1$TPG.100.million.KwH.[181:210]|mydata1$Large.TP
G.[181:210],legend = FALSE,smooth=FALSE,
            xlab = '火力发电量(亿 kWh)',
            ylab='水-能源-粮食协同度',
            main='2011')
```

参考文献

[1] 白景锋, 张海军. 中国水-能源-粮食压力时空变动及驱动力分析[J]. 地理科学, 2018(10): 1653-1660.

[2] 薄文广, 陈飞. 京津冀协同发展: 挑战与困境[J]. 南开学报 (哲学社会科学版), 2015(1): 110-118.

[3] 陈敏建. 水问题国情分析与水安全战略选择[J]. 政府管理评论, 2017(1): 27-51.

[4] 陈强. 高级计量经济学及 Stata 应用[M]. 北京: 高等教育出版社, 2010.

[5] 陈巍巍, 张雷, 等. 关于三阶段 DEA 模型的几点研究[J]. 系统工程, 2014, 32(9): 144-149.

[6] 陈彦光, 刘继生. 基于引力模型的城市空间互相关和功率谱分析: 引力模型的理论证明、函数推广及应用实例[J]. 地理研究, 2002, 21(6): 1-11.

[7] 陈振明. 政府工具导论[M]. 北京: 北京大学出版社, 2009.

[8] 成思危. 过程系统工程的现状及展望[J]. 化工进展, 1992(1): 5-8, 41.

[9] 河北省水利厅, 河北省水资源研究与水利技术试验推广中心. 农业用水定额 第2部分: 养殖业 DB13/T 5449.2—2021[S]. 2021.

[10] 邓鹏, 陈菁, 陈丹, 等. 区域水-能源-粮食耦合协调演化特征研究: 以江苏省为例[J]. 水资源与水工程学报, 2017, 28(6): 232-238.

[11] 杜志雄, 黄秉信, 李国祥, 等. 农村绿皮书: 中国农村经济形式分析与预测 (2015—2016)[M]. 北京: 社会科学文献出版社, 2016.

[12] 联合国环境规划署 (EPA). 水资源综合管理方面的进展—2021[R]. [2021-9-2]. https://www.unepdhi.org/wp-content/uploads/sites/SDG-6.5.1-Global-progress-report-2020-EXECUTIVE-SUMMARY_ZH.pdf.

[13] 范英. 粮食安全和能源安全约束下我国生物质能源发展路径研究: 来自资源禀赋条件下的选择[J]. 粮食经济研究, 2015, 1(2): 76-91.

[14] 方隽敏, 黄德春, 贺正齐. 绿色发展对水资源-能源-粮食系统的影响[J]. 河海大学学报 (哲学社会科学版), 2024, 26(1): 132-142.

[15] 冯献, 李瑾, 郭美荣. 基于节水的北京设施蔬菜生产效率及其对策研究[J]. 中国蔬菜, 2017(1): 55-60.

[16] 冯云廷. 区域经济学[M]. 辽宁: 东北财经大学出版社, 2006.

[17] 国家统计局, 中国标准化研究院. 国民经济行业分类 GB/T 4754—2017[S]. 北京: 中国标准出版社, 2017.

[18] 高津京. 我国水资源利用与电力生产关联分析[D]. 天津: 天津大学, 2012.

[19] 龚峰. 地方公共安全服务供给效率评估: 基于四阶段 DEA 和 Bootstrapped-DEA 的实证研究[J]. 管理世界, 2008(4): 80-90.

[20] 哈肯. 协同学导论[M]. 张纪岳, 郭治安, 译. 陕西: 西北大学科研处, 1981.

[21] 哈肯. 高等协同学[M]. 郭治安, 译. 北京: 科学出版社, 1989.

[22] 郝韦霞. 软约束机制下的生态预算理论的问题及对策[J]. 生态环境学报, 2010, 19(12): 3021-3024.

[23] 郝晓地, 周鹏, 曹达啓. 餐厨垃圾处置方式及其碳排放分析[J]. 环境工程学报, 2017, 11(2): 673-682.

[24] 胡小平, 郭晓慧.2020 年中国粮食需求结构分析及预测: 基于营养标准的视角[J]. 中国农村经济, 2010(6): 1-15.

[25] 胡新军, 张敏, 余俊峰, 等. 中国餐厨垃圾处理的现状、问题和对策[J]. 生态学报, 2012, 32(14): 4575-4584.

[26] 华强森, 张英杰, 马海涛, 等. 城市可持续发展指数 (2016)[R]. 北京: 城市中国计划, 2017.

[27] 黄群慧. 中国工业发展报告 (2014)[R]. 北京: 中国社会科学院, 2014.

[28] IEEE (清华大学能源环境经济研究所), NRDC (国际自然资源保护协会). 中国节能政策的节水效果评价[R]. 北京: 清华大学, 2013.

[29] 贾金生, 马静, 杨朝晖, 等. 国际水资源利用效率追踪与比较[J]. 中国水利, 2012(5): 13-17.

[30] 姜珊. 水－能源纽带关系解析与耦合模拟[D]. 北京: 中国水利水电科学研究院, 2017.

[31] 李福利. 协同学与中医学[J]. 中国医药学报, 1988(4): 32-34.

[32] 李桂君, 李玉龙, 贾晓菁, 等. 北京市水－能源－粮食可持续发展系统动力学模型构建与仿真[J]. 管理评论, 2016a, 28(10): 11-26.

[33] 李桂君, 黄道涵, 李玉龙. 水－能源－粮食关联关系: 区域可持续发展研究新视角[J]. 中央财经大学学报, 2016b(12): 76-98.

[34] 李国平, 郭江. 能源资源富集区生态环境治理问题研究[J]. 中国人口·资源与环境, 2013(7): 42-48.

[35] 李琳, 刘莹. 中国区域经济协同发展的驱动因素: 基于哈肯模型的分阶段实证研究[J]. 地理研究, 2014, 33 (9): 1603-1616.

[36] 李玲. 城市环境承载力提升中的政府工具选择研究[D]. 广东: 广州大学, 2012.

[37] 李璐. 城市水资源终端消费过程中的能耗分析: 以北京市家庭生活用水为例[D]. 北京: 中国科学院研究生院, 2012.

[38] 李澂, 赵勇, 姜珊, 等. 水、能源和粮食纽带关系研究进展及发展启示[J]. 生态学报, 2024: 17.

[39] 李霞. 我国能源综合利用效率评价指标体系及应用研究[D]. 北京: 中国地质大学, 2013.

[40] 李心晴, 张力小, 张鹏鹏, 等. 城市食物－能源－水资源系统关联性研究: 以北京市为例[J]. 中国人口•资源与环境, 2021, 31(5): 174-184.

[41] 李泳. 食品供应链能源流投入产出理论及实证研究[J]. 南开经济研究, 2013(1): 129-143.

[42] 李玉龙. 我国基础设施投资效率研究[D]. 哈尔滨: 哈尔滨工业大学, 2009.

[43] 廖虎昌, 董毅明. 基于 DEA 和 Malmquist 指数的西部 12 省水资源利用效率研究[J]. 资源科学, 2011(2): 273-279.

[44] 刘丙军, 陈晓宏. 基于协同学原理的流域水资源合理配置模型和方法[J]. 水利学报, 2009, 40(1): 60-65.

[45] 刘桂雄, 阎华, 郑时雄, 等. 熵概念的发展及在精度理论中的应用[J]. 华南理工大学学报 (自然科学版), 1999, 27(10): 16-20.

[46] 刘倩, 张苑, 汪永生, 等. 城市水－能源－粮食关联关系 (WEF-Nexus) 研究进展: 基于文献计量的述评[J]. 城市发展研究, 2018, 25(10): 4-19.

[47] 刘远书, 高文文, 侯坤, 等. 南水北调中线水源区生态环境变化分析研究[J]. 长江流域资源与环境, 2015, 24 (3): 440-446.

[48] 娄华君, 庄健鸿. 煤矿开采区水、土地与煤炭资源同步利用模式研究[J]. 资源科学, 2007, 29(5): 90-96.

[49] 卢伊, 陈彬. 城市代谢研究评述: 内涵与方法[J]. 生态学报, 2015, 35(8): 2438-2451.

[50] 马淑杰, 朱黎阳, 王雅慧. 我国高耗水工业行业节水现状分析及政策建议[J]. 中国资源综合利用, 2017, 35(2): 43-47.

[51] 孟庆松, 韩文秀. 复合系统协调度模型研究[J]. 天津大学学报, 2000, 33(4): 444-446.

[52] 米红, 周伟. 未来 30 年我国粮食、淡水、能源需求的系统仿真[J]. 人口与经济, 2010(1): 1-7.

[53] 宁淼, 姜楠, 钟玉秀, 等. 我国发展生物能源的水资源需求及其保障度分析[J]. 中国软科学, 2009(6): 11-18.

[54] 潘开灵. 从协作、协调到协同的管理发展[C]//李凯, 樊治平, 郭伏. 2006 中国管理科学与工程研究进展[M]. 北京: 机械工业出版社, 2006: 296-300.

[55] 彭少明, 郑小康, 王煜, 等. 黄河流域水资源－能源－粮食的协同优化[J]. 水科学进展, 2017, 28(5): 681-690.

[56] 彭永臻, 邵和东, 杨延栋, 等. 基于厌氧氨氧化的城市污水处理厂能耗分析[J]. 北京工业大学学报, 2015, 41(4): 621-627.

[57] 沈恬, 陈远生, 杨琪. 城市家庭用水能耗强度及其影响因素分析[J]. 资源科学, 2015, 37(4): 744-753.

[58] 沈小峰, 郭治安. 协调学与辩证法[J]. 大自然探索, 1983(1): 118-127, 186.

[59] 司智陟. 基于营养目标的我国肉类供需分析[D]. 北京: 中国农业科学院, 2012.

[60] 宋国君, 杜倩倩, 马本. 城市生活垃圾填埋处置社会成本核算方法与应用[J]. 干旱区资源与环境, 2015, 29 (8): 57-63.

[61] 宋旭光. 可持续发展测度方法的系统分析[D]. 辽宁: 东北财经大学, 2002.

[62] 孙世坤, 王玉宝, 刘静, 等. 中国主要粮食作物的生产水足迹量化及评价[J]. 水利学报, 2016, 47(9): 1115-1124.

[63] 唐清建. 中国 "水慌" 报告: 经济发展隐现缺水死穴[N]. 中国经营报, 2004-5-8.

[64] 汪家铭. 工业冷却循环水系统节能优化技术及应用[J]. 石油化工技术与经济, 2014, 30(1): 50-52.

[65] 王枫云. 生态预算: 推进城市自然资源可持续利用的新型政府工具[J]. 广州大学学报 (社会科学版), 2009, 8 (5): 29-32.

[66] 王桂云. 我国资源型城市可持续发展的地方政府治理研究[D]. 甘肃: 兰州大学, 2011.

[67] 王海叶, 赵勇, 李海红, 等. 缺水型特大城市家庭水能关系分析与改进措施[J]. 水电能源科学, 2016, 34(11): 44-48.

[68] 王娜, 高瑛, 王咏红. 粮食主产区粮食能耗的技术效率分析[J]. 农业技术经济, 2015(11): 79-89.

[69] 王效琴. 城市水资源可持续开发利用研究[D]. 天津: 南开大学, 2007.

[70] 魏权龄. 数据包络分析[M]. 北京: 科学出版社, 2004.

[71] 温锋华, 谭翠萍, 李桂君. 京津冀产业协同网络的联系强度及优化策略研究[J]. 城市发展研究, 2017, 24(1): 35-43.

[72] 项潇智, 贾绍凤. 中国能源产业的现状需水估算与趋势分析[J]. 自然资源学报, 2016(1): 114-123.

[73] 谢丹. 太阳能电站初遇 "水危机"[N]. 新浪财经, 2014.

[74] 谢光辉. 论我国非粮生物质原料的非粮属性[J]. 中国农业大学学报, 2013, 18(6): 1-5.

[75] 熊伟. 未来气候变化情境下中国主要粮食作物生产模拟[D]. 北京: 中国农业大学, 2004.

[76] 徐邓耀, 李健. 城市可持续发展的内涵、基础与关键[C]//第二届中国软科学学术年会论文集·社会发展类, 1998: 408-412.

[77] 徐键辉. 粮食生产的能源消耗及其效率研究[D]. 浙江: 浙江大学, 2011.

[78] 羊寿生. 城市污水处理厂的能源消耗[J]. 建筑技术通讯 (给水排水), 1984(6): 15-19.

[79] 杨凌波, 曾思育, 鞠宇平, 等. 我国污水处理厂能耗规律的统计分析与定量识别[J]. 给水排水, 2008, 34(10): 42-45.

[80] 杨琪. 城市居民家庭生活用水过程中的能耗分析: 以兰州城区为例[D]. 甘肃: 西北师范大学, 2014.

[81] 杨友麒, 成思危. 过程系统工程面临的挑战和发展趋势[J]. 化工进展, 2002, 21(8): 527-535.

[82] 杨友麒, 成思危. 中国过程系统工程 20 年: 回顾与展望 (上)[J]. 现代化工, 2012a, 32(6): 1-5.

[83] 杨友麒, 成思危. 中国过程系统工程 20 年: 回顾与展望 (下)[J]. 现代化工, 2012b, 32(7): 1-6.

[84] 杨友麒, 成思危. 现代过程系统工程[M]. 北京: 化学工业出版社, 2003.

[85] 詹贻琛, 吴岚. 中美均面临水、能源、粮食三者冲突[J]. 中国经济报告, 2014(1): 109-111.

[86] 曾珍香, 顾培亮. 可持续发展的系统分析与评价[M]. 北京: 科学出版社, 2000.

[87] 张宝贵, 谢光辉. 干旱半干旱地区边际地种植能源作物的资源环境问题探讨[J]. 中国农业大学学报, 2014, 19(2): 9-13.

[88] 张成福. 论政府治理工具及其选择[J]. 中国机构, 2003(1): 28-32.

[89] 张舰, 亚伯拉罕·艾宾斯坦, 玛格丽特·麦克米伦, 等. 农村劳动力转移、化肥过度使用与环境污染[J]. 经济社会体制比较, 2017(3): 149-160.

[90] 张俊军, 许学强, 魏清泉. 国外城市可持续发展研究[J]. 地理研究, 1999, 18(2): 207-213.

[91] 张力小, 张鹏鹏, 郝岩, 等. 城市食物–能源–水关联关系: 概念框架与研究展望[J]. 生态学报, 2019, 39(4): 1144-1153.

[92] 张娜. 生态学中的尺度问题: 内涵与分析方法[J]. 生态学报, 2006, 26(7): 2340-2355.

[93] 张强, 稽冶, 冀伟. 餐厨垃圾能源化研究进展[J]. 化工进展, 2013, 32(3): 558-562.

[94] 张彤, 蔡永立. 谈生态学研究中的尺度问题[J]. 生态科学, 2004, 23(2): 175-178.

[95] 张宪生, 沈吉敏, 历伟, 等. 城市生活垃圾处理处置现状分析[J]. 安全与环境学报, 2003, 3(4): 60-64.

[96] 张信信, 刘俊国, 赵旭, 等. 黑河流域产业间虚拟水转移及其关联分析[J]. 干旱区研究, 2018, 35(1): 27-34.

[97] 张旭. 基于共生理论的城市可持续发展研究[D]. 哈尔滨: 东北林业大学, 2004.

[98] 张志英, 鲁嘉华. 新能源与节能技术[M]. 北京: 清华大学出版社, 2013.

[99] 张宗勇, 刘俊国, 王凯, 等. 水–粮食–能源关联系统述评: 文献计量及解析[J]. 科学通报, 2020, 65(16): 1569-1581.

[100] 章燕喃, 倪广恒, 张彤, 等. 不同运用方式下北京市多水源联合调度的泵水成本分析[J]. 水利水电技术, 2014, 45(9): 42-46.

[101] 中国营养学会. 中国居民膳食指南[M]. 北京: 人民卫生出版社, 2016.

[102] 钟永光, 贾晓菁, 钱颖, 等. 系统动力学[M]. 2 版. 北京: 科学出版社, 2013.

[103] 周一星, 史育龙. 建立中国城市的实体地域概念[J]. 地理学报, 1995, 50(4): 289-301.

[104] 朱芸, 王丹阳. 餐厨垃圾的处理方法综述[J]. 环境卫生工程, 2011, 19(3): 50-52.

[105] AGUDELO-VERA C M, LEDUC W R W A, MELS A R, et al. Harvesting urban resources towards more resilient cities[J]. Resources, Conservation and Recycling, 2012(64): 3-12.

[106] ALBRECHT T R, CROOTOF A, SCOTT C A. The water-energy-food nexus: A systematic review of methods for nexus assessment[J]. Environmental Research Letters, 2018(13): 43, 2.

[107] ALLOUCHE J, MIDDLETON C, GYAWALI D. Technical veil, hidden politics: Interrogating the power linkages behind the nexus[J]. Water Alternatives, 2015, 8(1): 610-626.

[108] ALI S M, ACQUAYE A. An examination of water-energy-food nexus: From theory to application[J]. Renewable and Sustainable Energy Reviews, 2021: 146, 69.

[109] ANGELIDOU M. Smart cities: A conjuncture of four forces[J]. Cities, 2015(47): 95-106.

[110] ARTIOLI F, ACUTO M, MCARTHUR J. The water-energy-food nexus: An integration agenda and implications for urban governance[J]. Political Geography, 2017(61): 215-223.

[111] BASMANN R L. A generalized classical method of linear estimation of coefficients in a structural equation[J]. Econometrica, 1957, 25(1): 77-83.

[112] BAZILIAN M, ROGNER H, HOWELLS M, et al. Considering the energy, water and food nexus: Towards an integrated modelling approach[J]. Energy Policy, 2011(39): 7896-7906.

[113] BEDDINGTON J. Food, energy, water and the climate: A perfect storm of global events?[R]. London: Government Office for Science, 2009.

[114] BELMONTE B A, BENJAMIN M F D, TAN R R. Biochar systems in the water-energy-food nexus: The emerging role of process systems engineering[J]. Current opinion in chemical engineering, 2017(18): 32-37.

[115] BIEBER N, KER J H, WANG X, et al. Sustainable planning of the energy-water-food nexus using decision making tools[J]. Energy Policy, 2018(113): 584-607.

[116] BIGGS E M, BRUCE E, BORUFF B, et al. Sustainable development and the water-energy-food nexus: A perspective on livelihoods[J]. Environmental Science & Policy, 2015(54): 389-397.

[117] BOIS A S, BOIX M, MONTASTRUC L. Multi-actor integrated modeling approaches in the context of Water-Energy-Food Nexus systems: Review[J]. Computers & Chemical Engineering, 2024(182): 108, 559.

[118] BRUNDTLAND, G. Our common future: Report of the 1987 World Commission on Environment and Development, United Nations[R]. New York: United Nations, 1987.

[119] BURKHARD B, KROLL F, NEDKOV S, et al. Mapping ecosystem service supply, demand and budgets[J]. Ecological Indicators, 2012(21): 17-29.

[120] CAI X, WALLINGTON K, SHAFIEE-JOOD M, et al. Understanding and managing the food-energy-water nexus-opportunities for water resources research[J]. Advances in Water Resources, 2018(11): 259-273.

[121] CAIRNS R, KRZYWOSZYNSKA A. Anatomy of a buzzword: The emergence of "the water-energy-food nexus" in UK natural resource debates[J]. Environmental Science & Policy, 2016(64): 164-170.

[122] CHAKRABORTI R, DAVIS K F, et al. Crop switching for water sustainability in India's food bowl yields co-benefits for food security and farmers' profits[J]. Nature Water, 2023(1): 864-878.

[123] CHANG Y, LI G, YAO Y, et al. Quantifying the water-energy-food nexus: Current status and trends[J]. Energies, 2016(9): 1-17.

[124] CONWAY D, VAN GARDEREN E A, DERYNG D, et al. Climate and southern africa's water-energy-food nexus[J]. Nature Climate Change, 2015(5): 837-846.

[125] COOKE S J, ALLISON E H, BEARD T D, et al. On the sustainability of inland fisheries: Finding a future for the forgotten[J]. Ambio, 2016(45): 753-764.

[126] COVARRUBIAS M. The nexus between water, energy and food in cities: Towards conceptualizing socio-material interconnections[J]. Sustainability Science, 2018.

[127] CUSIMANO J, MCLAIN J E, EDEN S, et al. Agricultural use of recycled water for crop production in Arizona[R]. AZ: Tucson, The University of Arizona, 2015: 1670-2015.

[128] DAHER B T, MOHTAR R H. Water-energy-food (WEF) nexus tool 2.0: Guiding integrative resource planning and decision-making[J]. Water International, 2015, 40(5-6): 748-771.

[129] DAI J, WU S, HAN G, et al. Water-energy nexus: A review of methods and tools for macro-assessment[J]. Applied Energy, 2018(210): 393-408.

[130] DALE L L, KARALI N, et al. An integrated assessment of water-energy and climate change in Sacramento, California: How strong is the nexus?[J]. Climatic Change, 2015(132): 223-235.

[131] DALIN C, WADA Y, KASTNER T, et al. Groundwater depletion embodied in international food trade[J]. Nature, 2017(543): 700-704.

[132] DARGIN J, DAHER B, MOHTAR R H. Complexity versus simplicity in water energy food nexus (WEF) assessment tools[J]. Science of the Total Environment, 2019(650): 1566-1575.

[133] DE ABREU M R, MACHADO R L. Water-energy-food-land nexus challenges and contributions to the biofuel supply chain: Systematic review and meta-synthesis[J]. Environmental Development, 2023(48): 100，927.

[134] DE GRENADE R, HOUSE-PETERS L, et al. The nexus: Reconsidering environmental security and adaptive capacity[J]. Current Opinion in Environmental Sustainability, 2016(21): 15-21.

[135] DE STRASSER L, LIPPONEN A, HOWELLS M, et al. A methodology to assess the water energy food ecosystems nexus in transboundary river basins[J]. Water, 2016(8): 59.

[136] DECKER E H, ELLIOTT S, SMITH F A, et al. Energy and material flow through the urban ecosystem[J]. Annual Review of Energy and the Environment, 2000(25): 685-740.

[137] DENNIS M, BARLOW D, CAVAN G, et al. Mapping urban green infrastructure: A novel landscape-based approach to incorporating land use and land cover in the mapping of human-dominated systems[J]. Land, 2018, 7(1): 17.

[138] DING N, LIU J, YANG J, et al. Water footprints of energy sources in China: Exploring options to improve water efficiency[J]. Journal of Cleaner Production, 2018(174): 1021-1031.

[139] DYCKHOFF H, ALLEN K. Measuring ecological efficiency with data envelopment analysis (DEA)[J]. European Journal of Operational Research, 2001, 132 (2): 312-325.

[140] EEGSTRÖM R E, HOWELLS M, DESTOUNI G, et al. Connecting the resource nexus to basic urban service provision-with focus on water-energy interactions in New York City[J]. Sustainable Cities and Society, 2017(31): 83-94.

[141] EI-GAFY I. Water-food-energy nexus index: Analysis of water-energy-food nexus of crop's production system applying the indicators approach[J]. Applied Water Science, 2017(7): 2857-2868.

[142] ELECTRIC POWER RESEARCH INSTITUTE (EPRI). Water and sustainability: U.S. electricity consumption for water supply & treatment: The next half century[R]. California: Palo Alto, 2000.

[143] ENDO A, BURNETT K, ORENCIO P M, et al. Methods of the water-energy-food nexus[J]. Water, 2015(7): 5806-5830.

[144] ESTOQUE R C. Complexity and diversity of nexuses: A review of the nexus approach in the sustainability context[J]. Science of the Total Environment, 2023(854): 158612.

[145] Food and Agriculture Organization (FAO) of United Nations. The water-energy-food nexus: A new approach in support of food security and sustainable agriculture[R]. Rome, 2014.

[146] Food and Agriculture Organization (FAO) of United Nations. Energy-Smart Food at FAO: An Overview[R]. 2012.

[147] FORAN T. Node and regime: Interdisciplinary analysis of water energy food nexus in the Mekong region[J]. Water Alternatives, 2015, 8(1): 655-674.

[148] FRIED H O, LOVELL C A K, SCHMIDT S S, et al. Accounting for environmental effects and statistical

noise in data envelopment analysis[J]. Journal of Productivity Analysis, 2002, 17(1-2): 157-174.

[149] GALDEANO–GÓMEZ E, AZNAR–SÁNCHEZ J A, PÉREZ–MESA J C, et al. Exploring synergies among agricultural sustainability dimensions: An empirical study on farming system in almería (Southeast Spain)[J]. Ecological Economics, 2017(140): 99-109.

[150] GARCIA D J, YOU F. The water-energy-food nexus and process systems engineering: A new focus[J]. Computers and Chemical Engineering, 2016(91): 49-67.

[151] GIZ, ICLEI. Operationalizing the urban NEXUS: Towards resource efficient and integrated cities and metropolitan regions[R]. GIZ Eschborn, 2014.

[152] GLEICK P H. Water and energy[J]. Annual Review of Energy and the Environment, 1994(19): 267-99.

[153] GONDHALEKAR D, RAMSAUER T. Nexus city: Operationalizing the urban water-energy-food nexus for climate change adaptation in Munich, Germany[J]. Urban Climate, 2017(19): 28-40.

[154] GRASSBERGER P, PROCACCIA I. Estimation of the kolmogorov entropy from a chaotic signal[J]. Physical Review, 1983: 2591-2593.

[155] GREENE W H. Econometric analysis[M]. 6th ed. PEARSON Prentice Hall, 2007.

[156] GREENWOOD M J. A simultaneous equations model of urban growth and migration[J]. Journal of the American Statistical Association, 1975(70): 352, 797-810.

[157] GUILLAUME J H A, KUMMU M, EISNER S, et al. Transferable principles for managing the nexus: Lessons from historical global water modelling of Central Asia[J]. Water, 2015(7): 4200-4231.

[158] GWP (Global Water Partnership). Integrated water resources management: TAC background paper No 4[R]. Stockholm: Global Water Partnership, 2000.

[159] HALBE J, WOSTL C P, LANGE M A, et al. Governance of transitions towards sustainable development the water-energy-food nexus in cyprus[J]. Water International, 2015(40): 5-6, 877-894.

[160] HAMICHE A M, STAMBOULI A B, FLAZI S. A review of the water-energy nexus[J]. Renewable and Sustainable Energy Reviews, 2016(65): 319-331.

[161] HAN D, YU D, CAO Q. Assessment on the features of coupling interaction of the food-energy-water nexus in China[J]. Journal of Cleaner Production, 2020(249): 119379.

[162] HAO Z, CHEN Y, FENG S, et al. The 2022 Sichuan-Chongqing spatio-temporally compound extremes: A bitter taste of novel hazards[J]. Sciene Bulletin, 2023, 68(13): 1337-1339.

[163] HAUSMAN J A. Specification tests in econometrics[J]. Econometrica, 1978(46): 1251-1271.

[164] HERRICK C. An urban health worthy of the post-2015 era[J]. Environment and Urbanization, 2016(28): 139-144.

[165] HOFF H. Understanding the nexus. Background paper for the Bonn 2011 conference: The water energy food security nexus[R]. Stockholm Environment Institute, 2011.

[166] HOFF H, ALRAHAIFE S A, EL HAJJ R, et al. A nexus approach for the MENA region: From concept to knowledge to action[J]. Frontiers in Environmental Science, 2019: 7.

[167] HOWELLS M, HERMANN S, WELSCH M, et al. Integrated analysis of climate change, land-use, energy and water strategies[J]. Nature Climate Change, 2013(3): 621-626.

[168] HUANG D, LI G, CHANG Y, et al. Water, energy, and food nexus efficiency in China: A provincial assessment using a three-stage data envelopment analysis model[J]. Energy, 2023a(263): 126, 007.

[169] HUANG D, WEN F, LI G, et al. Coupled development of the urban water-energy-food nexus: A systematic analysis of two megacities in China's Beijing-Tianjin-Hebei area[J]. Journal of Cleaner Production, 2023b(419): 138051.

[170] HUANG D, JIN L, LIU J, et al. The current status, energy implications, and governance of urban wastewater treatment and reuse: A system analysis of the Beijing case[J]. Water, 2023c, 15(4): 630.

[171] HUANG D, LIU J, HAN G, et al. Water-energy nexus analysis in an urban water supply system based on a water evaluation and planning model[J]. Journal of Cleaner Production, 2023d(403): 136, 750.

[172] HUANG D, SHEN Z, SUN C, et al. Shifting from production-based to consumption-based nexus governance: Evidence from an input-output analysis of the local water-energy-food nexus[J]. Water Resources Management, 2021(35): 1673-1688.

[173] HUNTINGTON H P, SCHMIDT J I, LORING P A, et al. Applying the food-energy-water nexus concept at the local scale[J]. Nature Sustainability, 2021(4): 672-679.

[174] HUSSIEN W A, MEMON F A, SAVIC D A. An integrated model to evaluate water-energy-food nexus at a household scale[J]. Environmental Modelling & Software, 2017(93): 366-380.

[175] IRABIEN A, DARTON R C. Energy-water-food nexus in the spanish greenhouse tomato production[J]. Clean Technologies and Environmental Policy, 2016, 18(5): 1307-1316.

[176] JALILOV S M, VARIS O, KESKINEN M. Sharing benefits in transboundary rivers: An experimental case study of Central Asian water-energy-agriculture nexus[J]. Water, 2015(7): 4778-4805.

[177] KARAN E, ASADI S, MOHTAR R, et al. Towards the optimization of sustainable food-energy-water systems: A stochastic approach[J]. Journal of Cleaner Production, 2018(171): 662-674.

[178] KENWAY S J, LANT P A, PRIESTLEY A, et al. The connection between water and energy in cities: A review[J]. Water Science & Technology, 2011, 63(9): 1983-1990.

[179] KESKINEN M, VARIS O. Water-energy-food nexus in large Asian River Basins[J]. Water, 2016(8): 446.

[180] KEYSON D V, GUERRA-SANTIN O, LOCKTON D. (Eds): Living labs. Design and assessment of sustainable living[M]. Netherlands: Springer, 2017.

[181] KIBLER K M, REINHART D, HAWKINS C, et al. Food waste and the food-energy-water nexus: A review of food waste management alternatives[J]. Waste Management, 2018(74): 52-62.

[182] KORHONEN P J, LUPTACIK M. Eco-efficiency analysis of power plants: An extension of data envelopment analysis[J]. European Journal of Operational Research, 2004, 154 (2): 437-446.

[183] KRELLENBERG K, KOCH F, KABISCH S. Urban sustainability transformations in lights of resource efficiency and resilient city concepts[J]. Current Opinion in Environmental Sustainability, 2016(22): 51-56.

[184] KROLL F, MÜLLER F, HAASE D, et al. Rural-urban gradient analysis of ecosystem services supply and demand dynamics[J]. Land Use Policy, 2012(29): 521-535.

[185] LAL R. Soils and food sufficiency: A review[J]. Agronomy for Sustainable Development, 2009, 29(1): 113-133.

[186] LAWFORD R, BOGARDI J, MARX S, et al. Basin perspectives on the water-energy-food security nexus[J]. Current Opinion in Environmental Sustainability, 2013, 5(6): 607-616.

[187] LECK H, CONWAY D, BRADSHAW M, et al. Tracing the water-energy-food nexus: description, theory and practice[J]. Geography Compass, 2015, 9(8): 445-460.

[188] LEESE M, MEISCH S. Securitising sustainability? Questioning the "water, energy and food-security nexus"[J]. Water Alternatives, 2016, 8(1): 695-709.

[189] LEUNG PAH HANG M Y, MARTINEZ-HERNANDEZ E, LEACH M, et al. Designing integrated local production systems: A study on the food energy-water nexus[J]. Journal of Cleaner Production, 2016(135): 1065-1084.

[190] LEVIN A, LIN C-F, CHU C-S J. Unit root tests in panel data: Asymptotic and finite-sample properties[J]. Journal of Econometrics, 2002(108): 1-24.

[191] LI G, HUANG D, LI Y. China's input-output efficiency of water-energy-food nexus based on the Data Envelopment Analysis (DEA) model[J]. Sustainability, 2016(8): 927.

[192] LI G, HUANG D, SUN C, et al. Developing interpretive structural modeling based on factor analysis for the water-energy-food nexus conundrum[J]. Science of the Total Environment, 2019a(651): 309-322.

[193] LI M, FU Q, et al. An optimal modelling approach for managing agricultural water-energy-food nexus under uncertainty[J]. Science of the Total Environment, 2019b(651): 1416-1434.

[194] LIU J, HULL V, GODFRAY H C J, et al. Nexus approaches to global sustainable development[J]. Nature Sustainability, 2018(1): 466-476.

[195] LIU J, LI X, et al. The water-energy nexus of megacities extends beyond geographic boundaries: A case of Beijing[J]. Environmental Engineering and Science, 2019, 36(7): 778-788.

[196] LIU Q. Interlinking climate change with water-energy-food nexus and related ecosystem processes in California case studies[J]. Ecological Processes, 2016(5): 14.

[197] MAASS A, HUFSCHMIDT M M, DORFMAN R, et al. Design of water-resource systems: New techniques for relating economic objectives, engineering analysis, and governmental planning[M]. Harvard University Press, Cambridge, MA, 1962.

[198] MAI Q, YU D, LI X. Coupling characteristics of China's food-energy-water nexus and its implications for regional livelihood well-being[J]. Journal of Cleaner Production, 2023(395): 136385.

[199] MARTIN R. Is it time to resurrect the Havard Water Program[J]. Journal of Water Resources Planning and Management, 2003, 129(5): 357-361.

[200] MARTINEZ-HERNANDEZ E, LEACH M, YANG A. Understanding water-energy-food and ecosystem interactions using the nexus simulation tool NexSym[J]. Applied Energy, 2017(206): 1009-1021.

[201] MARTINEZ-HERNANDEZ E, LEUNG PAH HANG M Y, LEACH M, et al. A framework for modeling local production systems with techno-ecological interactions[J]. Journal of Industrial Ecology, 2016, 21(4): 815-828.

[202] MCCORMICK K, ANDERBERG S, COENEN L, et al. Advancing sustainable urban transformation[J]. Journal of Cleaner Production, 2013(50): 1-11.

[203] MCLEAN M, SHEPHERD P. The importance of model structure[J]. Futures, 1976: 41-51.

[204] MEEROW S, NEWELL J P, STULTS M. Defining urban resilience: A review[J]. Landscape and Urban Planning, 2016(147): 28-49.

[205] MELO F P L, PARRY L, et al. Adding forests to the water-energy-food nexus[J]. Nature Sustainability, 2021(4): 85-92.

[206] MIDDLETON C, ALLOUCHE J, GYAWALI D, et al. The rise and implications of the water-energy-food nexus in Southeast Asia through an environmental justice lens[J]. Water Alternatives, 2015, 8(1): 627-654.

[207] MILLER-ROBBIE L, RAMASWAMI A, AMERASINGHE P. Wastewater treatment and reuse in urban agriculture: Exploring the food, energy, water, and health nexus in Hyderabad, India[J]. Environmental Research Letters, 2017, 12(7): 075005.

[208] MOHTAR R H, DAHER B. Water-energy-food nexus framework for facilitating multi-stakeholder dialogue[J]. Water International, 2016, 41(5): 655-661.

[209] MOLLE F. Nirvana concepts, narratives and policy models: Insight from the water sector[J]. Water

Alternatives, 2008, 1(1): 131-156.

[210] MÜLLER A, JANETSCHEK H, WEIGELT J. Towards a governance heuristic for sustainable development[J]. Current Opinion in Environmental Sustainability, 2015(15): 49-56.

[211] MULLER M. The "nexus" as a step back towards a more coherent water resource management paradigm[J]. Water Alternatives, 2015, 8(1): 675-694.

[212] NAIR S, GEORGE B, et al. Water-energy-greenhouse gas nexus of urban water systems: Review of concepts, state-of-art and methods[J]. Resources, Conservation and Recycling, 2014 (89): 1-10.

[213] NIVA V, CAI J, TAKA M, et al. China's sustainable water-energy-food nexus by 2030: Impacts of urbanization on sectoral water demand[J]. Journal of Cleaner Production, 2020(251): 119, 755.

[214] OWEN A, SCOTT K, BARRETT J. Identifying critical supply chains and final products: An input-output approach to exploring the energy-water-food nexus[J]. Applied Energy, 2018(210): 632-642.

[215] PAHL－WOSTL C. Governance of the water-energy-food security nexus a multi-level coordination challenge[J]. Environmental Science and Policy, 2019(92): 356-367.

[216] PERRONE D, MURPHY J, HORNBERGER G M. Gaining perspective on the water-energy nexus at the community scale[J]. Environmental Science & Technology, 2011(45): 4228-4234.

[217] PEÑA－TORRES D, BOIX M, MONTASTRUC L. Multi-objective optimization and demand variation analysis on a water energy food nexus system[J]. Computers and Chemical Engineering, 2024(180): 108, 473.

[218] PULLINGER M, BROWNE A, ANDERSON B, et al. Patterns of water: The water related practices of households in southern England, and their influence on water consumption and demand management[R]. Lancaster University: Lancaster UK, 2013.

[219] QIN Y, CURMI E, KOPEC G M, et al. China's energy-water nexus: Assessment of the energy sector's compliance with the "3 red lines" industrial water policy[J]. Energy Policy, 2015(82): 131-143.

[220] RAMASWAMI A, BOYER D, NAGPURE A S, et al. An urban systems framework to assess the trans-boundary food-energy-water nexus: implementation in Delhi, India[J]. Environmental Research Letters, 2017(12): 25, 8.

[221] RAMASWAMI A, RUSSELL A G, CULLIGAN P J, et al. Meta-principles for developing smart, sustainable, and healthy cities[J]. Science, 2016(352): 940-943.

[222] RASUL G. Food, water, and energy security in South Asia: A nexus perspective from the Hindu Kush Himalayan region[J]. Environmental Science & Policy, 2014(39): 35-48.

[223] RASUL G, SHARMA B. The nexus approach to water-energy-food security: An option for adaptation to climate change[J]. Climate Policy, 2016, 16(6): 682-702.

[224] REN Z, CHAN W, WANG X, et al. An integrated approach to modelling end-use energy and water consumption of Australian households[J]. Sustainable Cities and Society, 2016(26): 344-353.

[225] RENEWABLE FUELS ASSOCIATION (RFA). 2024 Ethanol Industry Outlook[R]. 2024. Available at: https://d35t1syewk4d42.cloudfront.net/file/2666/RFA_Outlook_2024_full_final_low.pdf.

[226] SACHS I, SILK D. Food and energy: Strategies for sustainable development[M]. Tokyo: United Nations University Press, 1990.

[227] SALMORAL G, YAN X. Food-energy-water nexus: A life cycle analysis on virtual water and embodied energy in food consumption in the Tamar catchment UK[J]. Resources, Conservation & Recycling, 2018 (133): 320-330.

[228] SCANLON B R, RUDDELL B L, REED P M, et al. The food-energy-water nexus: Transforming science for society[J]. Water Resources Research, 2017: 3550-3556.

[229] SCHLÖR H, VENGHAUS S, HAKE J. The FEW-nexus city index - measuring urban resilience[J]. Applied Energy, 2018(210): 382-392.

[230] SCHREINER B, BALETA H. Broadening the lens: A regional perspective on water, food and energy integration in SADC[J]. Aquatic Procedia, 2015(5): 90-103.

[231] SCOTT C A, KURIAN M, WESCOAT J L. The water-energy-food nexus: Enhancing adaptive capacity to complex global challenges[M]//Kurian M, Ardakanian R. (eds.) Governing the nexus: Water, soil and waste resources considering global change. Switzerland: Springer International Publishing, 2015: 15-38.

[232] SHERWOOD J, CLABEAUX R, CARBAJALES－DALE M. An extended environmental input-output lifecycle assessment model to study the urban food-energy-water nexus[J]. Environmental Research Letters, 2017(12): 105, 3.

[233] SINGH S, KUMAR A, Ali B. Integration of energy and water consumption factors for biomass conversion pathways[J]. Biofuels Bioproducts & Biorefining, 2011, 5(4): 399-409.

[234] SMAJGL A, WARD J, PLUSCHKE L. The water-food-energy nexus realizing a new paradigm[J]. Journal of Hydrology, 2016: 533-540.

[235] SOLIEV I, WEGERICH K, KAZBEKOV J. The costs of benefit sharing: Historical and institutional analysis of shared water development in the ferghana valley, the syr darya basin[J]. Water, 2015(7): 2728-2752.

[236] SPÄTH P, ROHRACHER H. The eco cities freiburg and graz. The social dynamics of pioneering urban energy and climate governance[M]. In Cities and Low Carbon Transitions. Edited by Bulkely H, Castán Broto V, Hodson M, Marvin S. London: Routledge, 2011: 88-106.

[237] STATACORP. Stata: Release 15. Statistical Software. College Station, TX: StataCorp LLC, 2017.

[238] STEIN C, BARRON J, NIGUSSIE L, et al. Advancing the water-energy-food nexus: Social networks and institutional interplay in the Blue Nile[Z]. Colombo, Sri Lanka: International Water Management Institute(IWMI). 2014. CGIAR Research Program on Water, Land and Ecosstems(WLE), 24p. (WLE Research for Development (R4D) Learning Series 2).

[239] STEPHANOPOULOS G, REKLAITIS G V. Process systems engineering: From solvay to modern bio - and nanotechnology. A history of development, successes and prospects for the future[J]. Chemical Engineering Science, 2011(66): 4272-4306.

[240] SUN L, NIU D, YU M, et al. Integrated assessment of the sustainable water-energy food nexus in China: Case studies on multi-regional sustainability and multisectoral synergy[J]. Journal of Cleaner Production, 2022(334): 130235.

[241] TAO S, FANG J, ZHAO X, et al. Rapid loss of lakes on the mongolian plateau[J]. Proceedings of the National Academy of Sciences of the United States of America, 2015, 112(7): 2281-2286.

[242] TIETENBERG T. Environmental and Natural Resource Economics[M]. 严旭阳, 等, 译. 环境与自然资源经济学[M]. 5 版. 北京: 经济科学出版社, 2003.

[243] U. S. DEPARTMENT OF ENERGY (DOE). Energy demands on water resources: Report to congress on the interdependency energy and water[R]. December, 2006.

[244] U. S. GOVERNMENT ACCOUNTABILITY OFFICE (GAO). Climate Change: Energy infrastructure risks and adaptation efforts[R]. USA: Washington DC, 2014.

[245] VANHAM D. Does the water footprint concept provide relevant information to address the water-food-energy-ecosystem nexus? [J]. Ecosystem Services, 2016(17): 298-307.

[246] VELASQUEZ－ORTA S, HEIDRICH O, BLACK K, et al. Retrofitting options for wastewater networks to achieve climate change reduction targets[J]. Applied Energy, 2018(218): 430-441.

[247] VILLAMAYOR－TOMAS S, GRUNDMANN P, EPSTEIN G, et al. The water-energy-food security nexus through the lenses of the value chain and the institutional analysis and development frameworks[J]. Water Alternatives, 2015(8): 735-755.

[248] VISSEREN-HAMAKERS I J. Integrative environmental governance: Enhancing governance in the era of synergies[J]. Current Opinion in Environmental Sustainability, 2015(14): 136-143.

[249] WAKEEL M, CHEN B, HAYAT T, et al. Energy consumption for water use cycles in different countries: A review[J]. Applied Energy, 2016(178): 868-885.

[250] WALKER M E, THEREGOWDA R B, SAFARI I, et al. Utilization of municipal wastewater for cooling in thermoelectric power plants: Evaluation of the combined cost of make-up water treatment and increased

condenser fouling[J]. Energy, 2013 (60): 139-147.

[251] WATER IN THE WEST. Water and energy nexus: A literature review[R]. Stanford Woods Institute for the Environment and Bill Lane Center for the American West, California, USA. August, 2013.

[252] WATER SERVICES ASSOCIATION OF AUSTRALIA (WSAA). 2009. WSAA report card 2008—2009: Performance of the Australian urban water industry and projections for the future[R]. Melbourne: Water Services Association of Australia, 2009.

[253] WEBER C L, MATTHEWS H S. Food-miles and the relative climate impacts of food choices in the United States[J]. Environmental Science & Technology, 2008 (42): 3508-3513.

[254] WEITZ N, STRAMBO C, KEMP-BENEDICT E, et al. Closing the governance gaps in the water-energy-food nexus: Insights from integrative governance[J]. Global Environmental Change, 2017(45): 165-173.

[255] WOLFF S, SCHULP C J E, VERBURG P H. Mapping ecosystem services demand: A review of current research and future perspectives[J]. Ecological Indicators, 2015 (55): 159-171.

[256] WOLFRAM M, FRANTZESKAKI N, MASCHMEYER S. Cities, systems and sustainability: Status and perspectives of research on urban transformations[J]. Current Opinion in Environmental Sustainability, 2016(22): 18-25.

[257] WOLMAN A. The metabolism of cities[J]. Scientific American, 1965(213): 179-190.

[258] WOOLDRIDGE J M. Introductory econometrics: A modern approach (fifth edition)[M]. South-Western, 5191 Natorp Boulevard, Mason, 2012.

[259] WORLD ECONOMIC FORUM (WEF). Water Security: The Water-Food-Energy-Climate Nexus[R]. Washington, DC: Island Press, 2011.

[260] WORTHINGTON A C. Cost efficiency in Australian local government: A comparative analysis of mathematical programming and econometric approaches[J]. Financial Accountability and Management, 2000, 16(3): 201-224.

[261] WU D M. Alternative tests of independence between stochastic regressors and disturbances: Finite sample results[J]. Econometrica, 1974(42): 529-546.

[262] XU L, HUANG D, HE Z, et al. An analysis of the relationship between water-energy-food system and economic growth in China based on ecological footprint measurement[J]. Water Policy, 2022, 42 (2): 345.

[263] XU Z, CHEN X, LIU J, et al. Impacts of irrigated agriculture on food-energy-water-CO_2 nexus across metacoupled systems[J]. Nature Communication, 2020(11): 5837.

[264] YANG L, ZENG S, CHEN J, et al. Operational energy performance assessment system of municipal waste water treatment plants[J]. Water Science & Technology, 2010, 62(6): 1361-1370.

[265] YU B, ZHANG J, FUJIWARA A. Evaluating the direct and indirect rebound effects in household energy consumption behavior: A case study of Beijing[J]. Energy Policy, 2013, 3(7): 441-453.

[266] ZHANG C, CHEN X, LI Y, et al. Water-energy-food nexus: Concepts, questions and methodologies[J]. Journal of Cleaner Production, 2018(195): 625-639.

[267] ZHANG J, LIU Y, CHANG Y, et al. Industrial eco-efficiency in China: A provincial quantification using three-stage data envelopment analysis[J]. Journal of Cleaner Production, 2017(143): 238-249.

[268] ZHANG P, CAI Y, ZHOU Y, et al. Quantifying the water-energy-food nexus in Guangdong, Hong Kong, and Macao regions[J]. Sustainable Production and Consumption, 2022(29): 188-200.

[269] ZHUANG J, LÖFFLER F, SAYLER G. Closing transdisciplinary collaboration gaps of food-energy-water nexus research[J]. Environmental Science & Policy, 2021(126): 164-167.

[270] ZIMMERMAN R, ZHU Q, DIMITRI C. A network framework for dynamic models of urban food, energy and water systems (FEWS)[J]. Environmental Progress & Sustainable Energy, 2017.

·代表性论文·

[1] HUANG D, WEN F, LI G, et al. Coupled development of the urban water-energy-food nexus: A systematic analysis of two megacities in China's Beijing-Tianjin-Hebei area[J]. Journal of Cleaner Production: 2023: 138, 51.

[2] HUANG D, LIU J, HAN G, et al. Water-energy nexus analysis in an urban water supply system based on a water evaluation and planning model[J]. Journal of Cleaner Production, 2023: 136, 750.

[3] HUANG D, LI G, CHANG Y, et al. Water, energy, and food nexus efficiency in China: A provincial assessment using a three-stage data envelopment analysis model[J]. Energy, 2023(263): 126, 7.

[4] HUANG D, SHEN Z, SUN C, et al. Shifting from production-based to consumption-based nexus governance: Evidence from an input-output analysis of the local water-energy-food nexus[J]. Water Resources Management, 2021(35): 1673-1688.

[5] HUANG D, LI G, SUN C, et al. Exploring interactions in the local water-energy-food nexus (WEF-Nexus) using a simultaneous equations model[J]. Science of the Total Environment. 2020(703): 135, 34.

[6] LI G, HUANG D, SUN C, et al. Developing interpretive structural modeling based on factor analysis for the water-energy-food nexus conundrum[J]. Science of the Total Environment, 2019(651): 309-322.

[7] 刘倩, 张苑, 汪永生, 等. 城市水－能源－粮食关联关系 (WEF-Nexus) 研究进展: 基于文献计量的述评[J]. 城市发展研究, 2018, 25(10): 4-19.

[8] 李桂君, 黄道涵, 李玉龙. 中国不同地区水－能源－粮食投入产出效率评价研究[J]. 经济社会体制比

较, 2017(3): 138-148.

[9] 李桂君, 黄道涵, 李玉龙. 水－能源－粮食关联关系: 区域可持续发展研究新视角[J]. 中央财经大学学报, 2016a, 36(12): 83-97.

[10] 李桂君, 李玉龙, 贾晓菁, 等. 北京市水－能源－粮食系统动力学模型构建与仿真[J]. 管理评论, 2016b, 28(10): 11-26.

后　记

　　可持续发展已成为国际社会普遍共识。我第一次接触可持续发展应该是小学四年级的作文比赛，主题为"可持续发展"，字数要求为 800 字。我的题目是"我家阳台前的芒果树"，以芒果树吸收二氧化碳、产生氧气为案例，说明多种树才能实现可持续发展。如今，水－能源－粮食关联是区域可持续发展研究的新视角，旨在从系统视角和关联视角促进协同、减少冲突，进一步提升资源利用效率、确保资源安全。本书以作者的博士学位论文为本底，结合了国家自然科学基金青年项目的研究思考，虽然已竭尽全力，但是难免会有疏漏和不足，请大家批评指正。

　　现于本书付梓之际，怀感恩之心，采浅显之辞，书肺腑之言，致谢关心我的师长。首先，我要感谢导师之恩。特别感谢我的博士生导师李桂君教授，带着我走进了水－能源－粮食耦合系统的研究之门，并在科研训练中循循善诱、谆谆教诲、不离不弃，鼓励、帮助、引领我打开国际化大门，大大提升了我的研究视野、打破了我的思维局限、振奋了我的研究信心。李老师诲人不倦的崇高师德、渊博的学识、敏锐的逻辑思维、独到的战略眼光，还有忘我的工作热情令我终生难忘，并将在以后的科研工作中永远鞭策我、激励我不断前行。其次，我要感谢师长之情。特别感谢李玉龙教授、宋砚秋教授、温锋华副教授、刘倩副研究员，无论是上学期间，还是毕业之后，您们都一如既往地支持、鼓励、鞭策我，给予我无私帮助，在做研究这一块，我们是认真的！您们的视野、严谨的思维、科研的热情深深感染着我，并激励着我不断前行。我有幸在最美的年华遇见最好的您们，您们看着我从本科、硕士、博士，再到讲师、副教授，师长之情莫过如此。最后，我要感谢家人在我写作过程中，对我的关心、支持、鼓励、忍让和帮助，让我能心无旁骛地在书稿中随心所欲，没有你们的帮助，本书将无法按时完成。